国家示范校建设计算机系列规划教材

编委会

总　编：叶军峰

编　委：成振洋　吕惠敏　谭燕伟　林文婷　刁郁葵

蒋碧涛　肖志舟　关坚雄　张慧英　劳嘉昇

梁庆枫　邝嘉伟　陈洁莹　李智豪　徐务棠

曾　文　程勇军　梁国文　陈国明　李健君

马　莉　彭　昶　杨海亮　蒙晓梅　罗志明

谢　晗　贺朝新　周挺兴

顾　问：

谢赞福　广东技术师范学院计算机科学学院副院长，教授，硕士生导师

熊露颖　思科系统（中国）网络技术有限公司"思科网络学院"项目经理

林欣宏　广东唯康教育科技股份有限公司区域经理

李　勇　广州生产力职业技能培训中心主任

李建勇　广州神州数码有限公司客户服务中心客户经理

庞宇明　金蝶软件（中国）有限公司广州分公司信息技术服务管理师、培训教育业务部经理

梅虢斌　广州斯利文信息科技发展有限公司工程部经理

国家示范校建设计算机系列规划教材

网页前端脚本制作

主　编　梁庆枫

副主编　李健君　谢　晗

参　编　贺朝新　陈良威

暨南大学出版社
JINAN UNIVERSITY PRESS

中国·广州

图书在版编目（CIP）数据

网页前端脚本制作/梁庆枫主编．—广州：暨南大学出版社，2014.5
（国家示范校建设计算机系列规划教材）
ISBN 978 - 7 - 5668 - 0964 - 3

Ⅰ．①网…　Ⅱ．①梁…　Ⅲ．①网页制作工具—高等学校—教材
Ⅳ．①TP393.092

中国版本图书馆 CIP 数据核字（2014）第 054997 号

出版发行：暨南大学出版社

地　　址：中国广州暨南大学
电　　话：总编室（8620）85221601
　　　　　营销部（8620）85225284　85228291　85228292（邮购）
传　　真：（8620）85221583（办公室）　85223774（营销部）
邮　　编：510630
网　　址：http：//www. jnupress. com　http：//press. jnu. edu. cn

排　　版：广州市天河星辰文化发展部照排中心
印　　刷：广东广州日报传媒股份有限公司印务分公司

开　　本：787mm×1092mm　1/16
印　　张：10
字　　数：158 千
版　　次：2014 年 5 月第 1 版
印　　次：2014 年 5 月第 1 次

定　　价：25.00 元

（暨大版图书如有印装质量问题，请与出版社总编室联系调换）

总　序

当前，提高教育教学质量已成为我国职业教育的核心问题，而教育教学质量的提高与中职学校内部的诸多因素有关，如办学理念、师资水平、课程体系、实践条件、生源质量以及教学评价等等。在这些影响因素中，无论从教学理论还是从教育实践来看，课程都是一个非常重要的因素。课程作为学校向学生提供教育教学服务的产品，不但对教学质量起着关键作用，而且也决定着学校核心竞争力和可持续发展能力。

"国家中等职业教育改革发展示范学校建设计划"的启动，标志着我国职业教育进入了一个前所未有的重要的改革阶段，课程建设与教学改革再次成为中职学校建设和发展的核心工作。广州市轻工高级技工学校作为"国家中等职业教育改革发展示范学校建设计划"的第二批立项建设单位，在"校企双制、工学结合"理念的指导下，经过两年的大胆探索与尝试，其重点专业的核心课程从教学模式到教学方法、从内容选择到评价方式等都发生了重大的变革；在一定程度上解决了长期以来困扰职业教育的两个重要问题，即课程设置、教学内容与企业需求相脱离，教学模式、教学方法与学生能力相脱离的问题；特别是在课程体系重构、教学内容改革、教材设计与编写等方面取得了可喜的成果。

广州市轻工高级技工学校计算机网络技术专业是国家示范性重点建设专业，采用目前先进的职业教育课程开发技术——工作过程导向的"典型工作任务分析法"（BAG）和"实践专家访谈会"（EXWOWO），通过整体化的职业资格研究，按照"从初学者到专家"的职业成长的逻辑规律，重新构建了学习领域模式的专业核心课程体系。在此基础上，将若干学习领域课程作为试点，开展了工学结合一体化课程实施的探索，设计并编写了用于帮助学生自主学习的学习材料——工作页。工作页作为学习领域课程教学实施中学生所使用的主要材料，能有效地帮助学生完成学习任务，实现了学习内容与职业工作的成功对接，使工学结合的理论实践一体化教学成为可能。

同时，丛书所承载的编写理念与思路、体例与架构、技术与方法，希望能为我国职业学校的课程与教学改革以及教材建设提供可供借鉴的思路与范式，起到一定的示范作用！

编委会
2014 年 3 月

目　录

学习任务一

创建一个简单的网站

 学习目标◎

（1）能熟练掌握 HTML 文件的基本结构，并利用 HTML 语言创建简单的网页；

（2）运用常用的 HMTL 标记，对页面中的文字、段落等进行修饰；

（3）利用列表让网页内容更加工整；

（4）在网页中插入图片并作简单的修饰；

（5）为网页添加超链接，实现页面跳转；

（6）运用 HMTL 标记创建表格，用表格进行简单的布局。

 内容结构

1

❋ **建议学时：20 学时**

 任务描述

　　在制作网页时，大多数人都采用一些专门的网页制作软件，这些编辑软件工具不用编写代码，使用方便。但它们最大的不足之处是，受软件自身的约束，将产生一些垃圾代码，这些垃圾代码将会增加网页体积，降低网页的下载速度。

　　一个优秀的网页设计者应该在掌握可视化编辑工具的基础上，进一步熟悉 HTML 语言，以便清除那些垃圾代码，从而达到快速制作高质量网页的目的。本任务主要通过创建一个简单的网站，从而掌握 HTML 常用标记的使用方法。

　　本任务主要包括四个阶段任务：
　　（1）创建"我的第一个网页"；
　　（2）创建"唐诗欣赏"网页；
　　（3）创建"课程大纲一览"网页；
　　（4）创建"我的学习网站"网页。

阶段任务一：创建"我的第一个网页"

（一）任务准备

　● 想一想
阅读教材或学习手册，完成以下问题。

　　（1）HTML 的英文全称是＿＿＿＿＿＿＿＿＿，直译为＿＿＿＿＿＿＿。它是一种文本类、解释执行的标记语言，是在标准一般化标记语言（SGML）的基础上建立的。

　　（2）静态网页文件的扩展名是＿＿＿＿＿＿＿。

　　（3）HTML 文档主要分＿＿＿＿＿部分，分别是头部部分、＿＿＿＿＿＿＿和 HTML 部分。＿＿＿＿和＿＿＿＿＿是 HTML 任务标记的开始和结束。请将下面 HTML 代码的各部分与右边的内容进行连线：

```
<html>

<head>
<title>我的第一个网页</title>
</head>

<body>
     Hello World!
</body>

</html>
```

头部部分

HTML部分

主体部分

（4）在 HTML 代码源中＿＿＿＿＿＿＿（区分/不区分）大小写，任何回车和空格在显示时＿＿＿＿＿＿（不起/起）作用。

（5）HTML 文件的命名规则是：名称全部用＿＿＿＿＿＿、＿＿＿＿＿＿、＿＿＿＿＿＿的组合，不得包含汉字、＿＿＿＿＿＿和特殊字符。

知识小链接

● 网页的相关概念

1. 什么是 Internet

Internet 一词来源于英文 Interconnect Networks，即"互连各个网络"，中文译名为"因特网"。

2. 什么是万维网、网页和网站

万维网也称作 WWW，是 World Wide Web（全球信息网）的缩写。万维网提供了非常丰富的信息，各种信息按不同的类型以网页文件的形式分别存放在万维网服务器上，供人们选择查阅。

3. 什么是网页和网站

组成 WWW 的基本元素是网页，网页也称为页面或 Web 页。在网上浏览时看到的一个个页面就是网页。

按网页的表现形式可将网页分为静态网页和动态网页。

通常把一系列在逻辑上可以视为一个整体的页面称作网站，或者说网站就是一个相互链接的网页集合，它们可以共享。

• **什么是 HTML**

HTML 的英文全称是 Hyper Text Markup Language，直译为超文本标记语言。它是一种文本类、解释执行的标记语言，是在标准一般化标记语言（SGML）的基础上建立的。

1. HTML 的语法结构

在 HTML 中，所有的标记都用尖括号括起来。绝大多数标记都是成对出现的，包括开始标记和结束标记。HTML 标记是不区分大小写的。

在标记中，可分成单标记和双标记。

单标记语法形式为：

<标记／>

双标记语法形式为：

<标记>内容</标记>

2. HTML 标记的属性

属性是用来描述对象特征的特性。在 HTML 中，所有的属性都放置在开始标记的尖括号里，属性与标记之间用空格分隔，属性的值放在相应属性之后，用等号分隔，不同的属性之间用空格分隔。格式为：

<标记　属性1＝属性值1　属性2＝属性值2…> 受影响的内容 </标记>

例如：< body bgcolor = " #ccffff"　text = " #660033" >（这里的属性值引号可省略）

HTML 属性通常不区分大小写。

（二）任务实施

请同学们打开"Editplus"软件，按如下的代码编写第一个网页，名为 1 – 1. html。

```
<html >
  <head >
    <title >设置背景图像 </title >
  </head >
  <body background = "img\spring01. JPG" >
    <center >
    <p > <font color = "red" size = " +6" >盼望着,盼望着,东风来了,春天的脚步近了。
</font >
    </p >
    </center >
  </body >
</html >
```

- 想一想

（1）如何在浏览器中查看网页的代码?

（2）设置网页标题的标记是_____；设置文字居中的标记是
_____；_____标记是用来设置字体的；_____
标记是用来设置段落的。

(三) 任务反思

1. 成果展示

页面截图

2. 任务拓展

如果取消页面的背景图片，将图片插在文字下方，应如何修改？请写出主要代码，并将修改后的网页保存为 1-2.html。

页面截图	代码截图

3. 评价总结

考核项目	完成情况		
能在记事本或其他编辑软件创建简单的 HTML 文件	□优	□良	□未完成
会在页面中插入图片或设置背景	□优	□良	□未完成
阶段任务一总评（百分制）	自评：		师评：

阶段任务二：创建"唐诗欣赏"网页

（一）任务准备

● 做一做

参考如下代码，完成网页文本编辑，将网页保存为 1 – 3. html。

```
<html>
  <head>
    <title>符号应用</title>
  </head>
  <body>
    <p><font size="+2" color="red"face="黑体">手机充值、IP卡/电话卡</font>
    <br>
    移动  | 100 | 联通 | 50
    </p>
    Copyright &copy;2011 &quot;淘宝网 &quot; All right.
  </body>
</html>
```

● 想一想

阅读教材或资料，根据以上已完成的页面，完成以下问题。

（1）HTML 语言中 <font> 表示_____；若要设置宋体、红色、2 号字，其 HTML 语句应该写为_____。

（2）写出常用的对文字修饰的标签：

文字加粗标签：_____；文字变成斜体字标签：_____；

给文字加下划线标签：_____；在文字之间画线标签：_____。

（3）HTML 语言中使用_____表示空格；使用_____表示大于（>）；使用_____表示小于（<）；使用_____表示引号（""）；使用_____表示版权号（c）。

（4）HTML 语言提供了一系列对文本中的标题进行操作的标记，分别为 <h1>一级标题</h1> 至_____。

（5）HTML 语言中段落的标记为＿＿＿＿＿＿＿。若想实现文字的强制换行，则使用＿＿＿＿标签；若不想文本自动换行，则使用＿＿＿＿标签。

（6）＜hr＞标记的作用是＿＿＿＿＿＿＿＿＿。

知识小链接

● 主体标记及其属性

＜BODY＞…＜/BODY＞：它是网页主体内容标记。其中包含了网页的正文内容，一般不可缺少。

＜BODY BGCOLOR＝#RRGGBB＞：使用＜BODY＞标记中的 BGCOLOR 属性，可以设置网页的背景颜色。使用的格式有以下两种：

第一种 ＜BODY BGCOLOR＝#RRGGBB＞

第二种 ＜BODY BGCOLOR＝颜色的英文名称＞

在第一种格式中，RR、GG、BB 可以分别取值为 00～FF 的十六进制数。RR、GG、BB 分别用来表示颜色中的红色、绿色和蓝色成分的多少，数值越大，颜色越深。红、绿、蓝三色按一定比例混合，可以得到各种颜色。例如，RR＝FF，GG＝FF，BB＝00，表示为黄色。如果 RRGGBB 取值为 000000，则为黑色；RRGGBB 取值为 FFFFFF，则为白色；RRGGBB 取值为 FF8888，则为浅红色。

第二种格式是直接使用颜色的英文名称来设定网页的背景颜色。

● 文字与段落标记

1. 标题标记

＜H1＞…＜/H1＞：它是正文的第一级标题标记。此外，还有第二、三、四、五、六级标题标记，分别为＜H2＞…＜/H2＞、＜H3＞…＜/H3＞、＜H4＞…＜/H4＞、＜H5＞…＜/H5＞和＜H6＞…＜/H6＞。级别越高，文字越小。

Hn 可以有对齐属性，Align＝#，"#"表示 left（标题居左）、center（标题居中）和 right（标题居右）。

2. 段落标记

＜P＞…＜/P＞：它是段落标记。作用是将其内的文字另起一段显示。段与段之间有一个空行。HTML 的浏览器是基于窗口的，用户可以随时改变显示区的大小，所以 HTML 将多个空格以及回车等效为一个空格，这是和绝大多数字处理器不同的。段落标记也可以有多种属性，比较常用的属性是 align ＝#。"#"可以是 left、center 或 right，其含义同上文。

3. 换行符标记

＜BR/＞：它是换行符标记，表示以后的内容移到下一行。它是单标记，没有＜/BR＞。

4. 字体标记

＜font＞…＜/font＞：它是字体标记。用于设置文字的字体、大小和颜色的。属性包括 face（字体）、size（大小）、color（颜色）。

（1）字体大小：HTML 文件可以有 7 种字号，1 号最小，7 号最大。默认字号为 3，可以用＜FONT SIZE＝字号＞设置默认字号。设置文本的字号有两种办法，一种是设置绝对字号，＜FONT SIZE＝字号＞；另一种是设置文本的相对字号，＜FONT SIZE＝±n＞。用第二种方法时"＋"表示字体变大，"－"表示字体变小。

（2）字体颜色：字体的颜色用＜FONT color＝#＞指定，"#"可以是 6 位十六进制数，分别指定红、绿、蓝的值。也可以使用 16 种标准颜色，如表 1－1 所示。

表 1－1　网页中的 16 种标准颜色

色彩名	十六进制值	色彩名	十六进制值
Aqua（水蓝色）	#00FFFF	Navy（藏青色）	#000080
Black（黑色）	#000000	Olive（茶青色）	#808000
Blue（蓝色）	#0000FF	Purple（紫色）	#800080
Fuchsia（樱桃色）	#FF00FF	Red（红色）	#FF0000
Green（绿色）	#808080	Silver（银色）	#C0C0C0
Gray（灰色）	#008000	Teal（茶色）	#008080
Line（石灰色）	#00FF00	While（白色）	#FFFFFF
Maroon（褐红色）	#800000	Yellow（黄色）	#FFFF00

5. 字体风格

字体风格分为物理风格和逻辑风格。字体的物理风格直接指定字体，物理风格的字体有<B>黑体、<I>斜体、<U>下划线和<TT>打字机体等，如表1-2所示。

表1-2 文本风格修饰标记

标记符	功能	标记符	功能
<B> </B>	粗体	<STRIKE> </STRIKE>	删除线
<BIG> </BIG>	大字体		下标
<I> </I>	斜体		上标
<S> </S>	删除线	<TT> </TT>	固定宽度字体
<SMALL> </SMALL>	小字体	<U> </U>	下划线

字体的逻辑风格用来指定文本的作用，有<EM>强调、<STRONG>特别强调、<CODE>源代码、<SAMP>例子、<KBD>键盘输入、<VAR>变量、<DFN>定义、<CITE>引用、<SMALL>较小、<BIG>较大、<SUP>上标和<SUB>下标。

（二）任务实施

创建一个唐诗欣赏网页1-4. html，如下图所示。

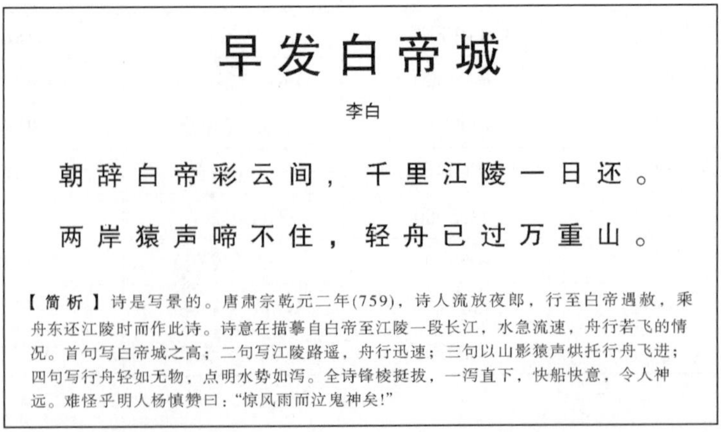

要求：

（1）设置标题文字：黑体，居中，7 号字，红色；

（2）"李白"设置为居中，黑色；

（3）正文为 5 号字，居中，楷体，红色；

（4）"简析"为 2 号字，左对齐，楷体，黑色。

（三）任务反思

1. 成果展示

请将代码截图如下：

2. 任务拓展

（1）参考如下的"文字效果实例"代码，将唐诗题目"早发白帝城"修饰为如 这里有美丽的风景 所示的效果。

```
< html >
  < head >
    < title > 文字效果 </ title >
  </ head >
  < body >
    < font style = " font – size：45pt；filter：shadow（color = #AF0530）；width：100%；color：#F90B46；line – height：150%；font – family：隶书" >
  < b > 这里有美丽的风景 </ b >
  </ font >
  </ body >
</ html >
```

（2）完成网页 1 – 5. html，效果如下图所示。

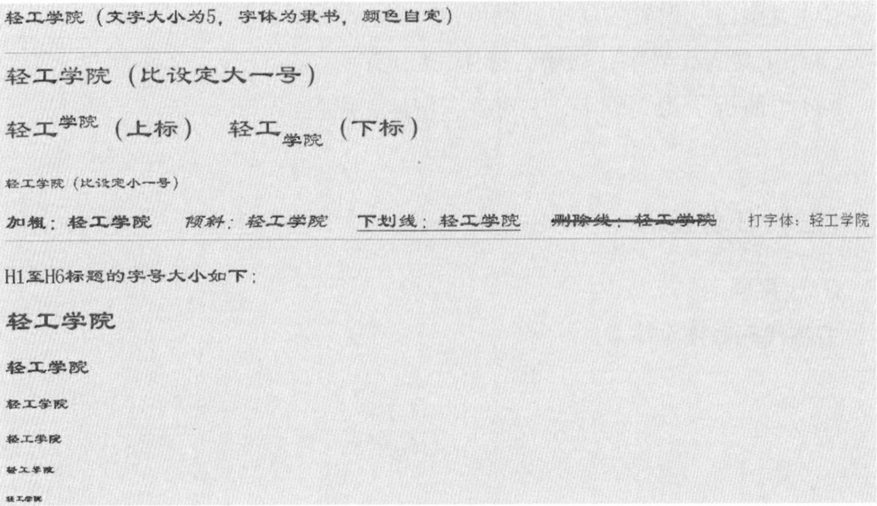

（3）根据所给的素材，完成"超女"新闻网页 1 – 6. html。

要求：

①标题用 < h1 >，斜体，居中。

②新闻来源用"四号"字加下划线，居中。

③新闻内容，段落显示，文字加粗，楷体，蓝色，字号为5。

④"选曲目"，每一项换行显示。

⑤图片添加到文章最前面。

效果图如下：

3. 评价总结

考核项目	完成情况		
能对页面中的字体颜色、大小和样式进行设置	□优	□良	□未完成
能对页面中文字进行段落设置	□优	□良	□未完成
能运用标题标记、水平线标记等常用标记	□优	□良	□未完成
阶段任务二总评（百分制）	自评：		师评：

阶段任务三：创建"课程大纲一览"网页

（一）任务准备

• 做一做

参考以下的代码，实现列表排版页面的效果，保存为 1 – 7. html，并截图显示。

代码显示	截图显示

`<HTML>`
`<HEAD>`
`<TITLE>列表效果</TITLE>`
`</HEAD>`
`<BODY>`
`<B>无序列表</B>`
`<UL>`
`<LI>Coffee</li>`
`<LI>Milk</li>`
`</UL>`
`<B>有序列表</B>`
`<OL>`
`<LI>Coffee</li>`
`<LI>Milk</li>`
`</OL>`
`<B>定义列表</B>`
`<DL>`
`<DT>Coffee</dt>`
`<DD>Black bot drink</dd>`
`<DT>Milk</dt>`
`<DD>White cold drink</dd>`
`</DL>`
`<B>菜单列表</B>`
`<menu>`
`<LI>Coffee</li>`
`<LI>Milk</li>`
`</menu>`
`</BODY>`
`</HTML>`	

● 想一想

根据以上完成的例子,阅读教材或学习手册,完成以下问题。

(1)列表标签在 HTML 中合理使用会使网页结构清晰,减少垃圾代码。请写出下列列表标签的标记:

无序列表:＿＿＿＿＿＿＿＿＿＿＿＿;

有序列表:＿＿＿＿＿＿＿＿＿＿＿＿;

目录列表:＿＿＿＿＿＿＿＿＿＿＿。

(2)在列表定义中,用＿＿＿＿＿＿＿＿＿＿来标记列表项目的开始和结束。

(3)编号列表标记用 < ol > … < /ol > 标签,其有两个属性,一个是 type 属性,一个是 star 属性。若 star = 2,表示:＿＿＿＿＿＿＿＿＿＿;type 属性的功能是＿＿＿＿＿＿＿＿＿＿。填写下表说明编号的种类:

Type 的值	编号种类
type = 1	
type = A	
type = a	
type = I	
type = i	

● 做一做

参考以下的代码,完成"成绩表"的页面制作,保存为 1 – 8. html,并截图显示。

代码显示	截图显示
< HTML > 　< HEAD > 　　< TITLE > 成绩表 < /TITLE > 　< /HEAD > 　< BODY > 　　< B > 学生成绩表 < /B > 　　< TABLE border = "1" > 　　< TR > 　　< TH > 语文 < /TH > 　　< TH > 数学 < /TH > 　　< TH > 英语 < /TH >	

（续上表）

代码显示	截图显示
＜／TR＞ ＜TR＞ 　＜TD＞90＜／TD＞ 　＜TD＞85＜／TD＞ 　＜TD＞98＜／TD＞ 　＜／TR＞ 　＜／TABLE＞ ＜／BODY＞ ＜／HTML＞	

● 想一想

根据以上完成的例子，阅读教材或学习手册，完成以下问题。

（1）表格的 HMTL 标签是 _____。

（2）请将下表中的属性设置与标记配对。

属性设置	标记
a）行标记	1）bgcolor
b）单元格标记	2）tr
c）宽度属性	3）td
d）高度属性	4）cellpadding
e）对齐方式	5）cellspacing
f）背景颜色	6）height
g）边框线	7）width
h）单元格之间的距离	8）align
i）单元格内数据与边框的距离	9）border

知识小链接

● 列表标记

列表分为项目列表和编号列表。

1．项目列表

所谓项目列表是指在列表中没有顺序可言，表里的每项都是相同的。列表的语法分两部分：

```
<ul>
    <li>表项一</li>
    <li>表项二</li>
    <li>表项三</li>
</ul>
```

分析上面代码，决定项目的是<ul>，而<li>只是里面的一列表项。如果想列出更多的表项，那么就在<ul></ul>里加表项<li></li>就可以。

2. 编号列表

与编号列表对应的是有序列表，表项里不用设置就可以自动按顺序排列。

编号列表用<ol></ol>表示有顺序，里面表项符与项目列表一样的，只代表一个表项而已，在多个表项中，系统自动按顺序排列，语法代码如下：

```
<ol>
    <li>表项一</li>
    <li>表项二</li>
    <li>表项三</li>
</ol>
```

与项目列表相差只是在<ol>上。编号列表的内容与项目列表是一样的（表项都是一样），不同的是用<ol></ol>标记对取代了<ul></ul>标记对。

提示：项目列表即无序列表，编号列表即有序列表。项目与编号只相差一个字母，但在区别上是明显不同。请读者在合适的位置上用。在编号列表或项目列表中还可以用其他编号或符号取代数字或圆点，<ol type=#>? </ol>#可以有A、a、I、i、1等，或<ul type=#>? </ul>#可以有circle（圆圈）、square（正方形）、disc（圆点）。

● 表格标记

1. 表格基本语法

<table></table>

2. 表格基本属性

表格标签<table>有很多属性，最常用的属性如表1-3所示。

表 1 – 3   < table > 标签最常用的属性

属 性	描 述	说 明
width	表格的宽度	
height	表格的高度	
align	表格在页面的水平摆放位置	
background	表格的背景图片	
bgcolor	表格的背景颜色	
border	表格边框的宽度（以像素为单位）	
bordercolor	表格边框颜色	当 border > =1 时起作用
cellspacing	单元格之间的间距	
cellpadding	单元格内容与单元格边界之间的空白距离的大小	

< tr > 标签的属性如表 1 – 4 所示。

表 1 – 4   < tr > 标签的属性

属 性	描 述
height	行高
align	行内容的水平对齐
valign	行内容的垂直对齐
bgcolor	行的背景颜色
bordercolor	行的边框颜色

< th > 和 < td > 标签的属性如表 1 – 5 所示。

表 1 – 5   < th > 和 < td > 标签的属性

属 性	描 述
width/height	单元格的宽和高，接受绝对值（如 80）及相对值（如 80%）
colspan	单元格向右打通的栏数
rowspan	单元格向下打通的列数
align	单元格内字画等的摆放贴，位置（水平），可选值为：left, center, right

（续上表）

属性	描述
valign	单元格内字画等的摆放贴，位置（垂直），可选值为：top, middle, bottom
bgcolor	单元格的底色
bordercolor	单元格边框颜色
background	单元格背景图片

（二）任务实施

（1）创建"课程大纲一览"网页，将网页保存为1-9. html，效果如下图所示：

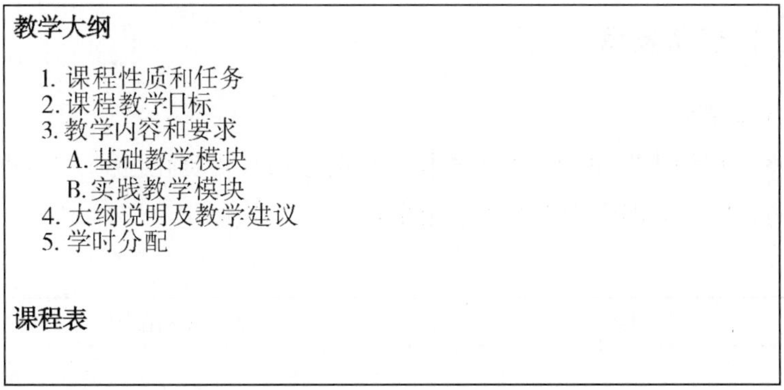

程序代码截图：

（2）在上题网页的基础上，制作如下效果的课程表，名为 1 - 9. html。

课程表

	星期一	星期二	星期三	星期四	星期五
上午	java	DB2	java2	linux	Web
	java	DB2	java2	linux	Web
	java	DB2	java2	linux	Web
	java	DB2	java2	linux	Web
午　休					
下午	java	DB2	java2	linux	Web
	java	DB2	java2	linux	Web

（三）任务反思

1. 成果展示

请将"课程表"页面中的表格作简单的修饰（可美化边框、单元格颜色、文字等方面）。效果图和程序代码截图如下。

页面截图	代码截图

2. 评价总结

考核项目	完成情况		
能用列表标记对文字进行设置	□优	□良	□未完成
能根据需求制作简单的表格	□优	□良	□未完成
阶段任务三总评（百分制）	自评：		师评：

阶段任务四：创建"我的学习网站"网页

（一）任务准备

● 想一想

阅读教材或学习手册，完成以下问题。

（1）网站是一个存放在网络服务器上完整信息的＿＿＿＿＿＿。它是由一个或＿＿＿＿＿＿个网页，以一定的方式＿＿＿＿＿＿在一起，成为一个整体，用来描述一组完整的信息。

（2）网页是网站的＿＿＿＿＿＿部分。首页称之为＿＿＿＿＿＿主页，文件名一般为＿＿＿＿＿＿。

（3）超链接可实现网页之间的＿＿＿＿＿＿。建立超链接的标签为＿＿＿＿＿＿。

（4）所谓"锚记名称"是指网页中能被链接到的一个特定位置。建立链接时，要在锚记名称前加一个＿＿＿＿＿＿符号。

（5）若实现鼠标点击文字"百度"，就可以在新的窗口打开 http：//baidu.com，其 HTML 代码为＿＿＿＿＿＿＿＿＿＿＿＿＿＿。

知识小链接

● 超链接标记

建立超链接的标签为 ＜A＞和＜/A＞。

21

格式为：<A HREF="资源地址"TARGET="窗口名称"TITLE=" 指向连接显示的文字">超链接名称</A>。

说明：（1）标签<A>表示一个链接的开始，</A>表示链接的结束。

（2）属性"HREF"定义了这个链接所指的目标地址；目标地址是最重要的，一旦路径上出现差错，该资源就无法访问。

（3）TARGET：该属性用于指定打开链接的目标窗口，其默认方式是原窗口。如表1-6所示：

表1-6　建立目标窗口的属性

属性值	描　　述
_parent	在上一级窗口中打开，一般使用分帧的框架页会经常使用
_blank	在新窗口打开
_self	在同一个窗口中打开，这项一般不用设置
_top	在浏览器的整个窗口中打开，忽略任何框架

（4）TITLE：该属性用于指定指向链接时所显示的标题文字。

● **超链接分类**

1. 在同一个网页中建立链接的 HTML 标记

在同一个网页文件中建立链接，需要做以下工作。

（1）在文件的前面需要列出链接的标题文字，它们相当于文章的目录。同时将这些文字与相应的锚记名称（即定位名）建立链接。所谓"锚记名称"是指网页中能被链接到的一个特定位置。建立链接时，要在锚记名称前加一个"#"符号，其格式如下：

<A HREF="#锚记名称">标题名字</A>

（2）为被链接的内容起一个名字，该名字叫锚记名称，其格式如下：

<A NAME="锚记名称"></A>

锚记名称的定义要放在相应标题对应的内容前面。

2. 建立外部连接

所谓外部链接，指的是跳转到当前网站外部，与其他网站中页面或其他元素之间的链接关系。这种链接的 URL 地址一般要用绝对路径，要有完整的 URL 地址，包括协议名、主机名、文件所在主机上的位置的路径以及文件名。

最常用的外部链接格式是：＜a href＝"http：//网址"＞

3. 建立电子邮件链接

在 HTML 页面中，可以建立 E-mail 链接。当浏览者单击链接后，系统会启动默认的本地邮件服务系统发送邮件。

基本语法：＜a href＝"mailto：E-mali 地址：subject＝邮件主题"＞描述文字＜/a＞

4. 链接到其他页面中的锚点

基本语法：＜a href＝"URL 地址#书签名称" target＝"窗口名称"＞超链接标题名称＜/a＞

（二）任务实施

创建"我的学习网站"网页，站点目录为 E：\\myweb，在站点上创建对应的子目录，首页 index. html，要求如下：

（1）创建表格，布局如下图所示；

（2）在表格中插入图片；

（3）创建文字链接，分别链接到之前做的三个页面；

（4）对页面的背景、文字等做适当地修饰，使之更美观。

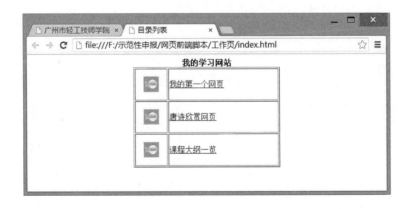

（三）任务反思

1. 成果展示

请将完成的页面效果截图。

2. 评价总结

考核项目	完成情况		
能根据需求制作对应的表格	□优	□良	□未完成
能创建链接，并链接站内其他页面	□优	□良	□未完成
综合运用所学的标记对页面进行美化	□优	□良	□未完成
阶段任务四总评（百分制）	自评：		师评：

评价反馈表

	考核项目	考核细则		比例	分数
1	学习态度	出勤情况好，无缺勤，无迟到、早退（5分）		15%	
		遵守课堂纪律，有良好的行为习惯（5分）			
		完成任务时积极，小组成员之间主动合作（5分）			
2	能按学习任务要求，完成网站前端设计	阶段任务一		70%	
		阶段任务二			
		阶段任务三			
		阶段任务四			
		平均分			
3	工作页及学习汇报完成情况	能认真完成工作页，文字描述准确，截图清晰（5分）		15%	
		小组汇报时表达准确，语言简练，段落完整（5分）			
		能将该实训所用到的知识点进行总结迁移（5分）			
	合计			100%	
4	创造性学习（附加分）	教师以10分为上限，奖励工作中有突出表现和特色做法的学生，旨在考核学生的创新意识（10分）		10%	
	自我评价（收获）				
	综合评价（组评）				
	教师评语				

说明：

本任务评价反馈的考评材料为：阶段任务网页、工作页。本任务采用过程性评价和结果性评价相结合、定性评价与定量评价相结合的评价方法，全面考核学生的专业能力和关键能力。评价过程可根据不同的任务，使用学生自评、组评和教师评的评价方式。建议学生自评占20%，小组互评占20%，教师评价占60%，教师也可根据实际需要做调整。

学习任务二

运用多媒体使网页更生动

 学习目标◎

(1) 能灵活运用 < img > 标记或行为为网页插入图片；

(2) 能配合网页制作滚动文字与图片效果；

(3) 能为网页添加背景音乐；

(4) 能根据需求利用多种方法，在网页中插入动画或视频文件。

 内容结构

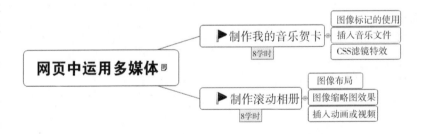

✳ **建议学时：16 学时**

 任务描述

　　文字是网页中最重要的元素，但是图像、声音、视频、动画等多媒体信息也是网页设计中必不可少的元素。它们能丰富网页的信息内容、增强网页的表现能力、吸引访问者的注意力。本任务主要在网页中运用多媒体元素，使网页更加生动和丰富多彩。本任务主要包括两个阶段任务：

（1）制作我的音乐贺卡；

（2）制作滚动相册。

阶段任务一：制作我的音乐贺卡

（一）任务准备

● 想一想

（1）页面中插入图片的标记是_____，SRC属性的作用是_____。

（2）图片标记主要有以下几个属性，请将它们的属性与功能用线连起来。

width/ height	图像说明文字
align	图片的水平与垂直间距
border	对齐方式
alt	图片的宽度与高度
hspace/vspace	边框大小

（3）声音文件格式有多种，常用的主要有_____、_____、_____格式，由于受到网络带宽的限制，绝大多数情况下背景音乐一般采用_____格式。

（4）_____标记可在网页中插入音乐。_____属性可设置打开页面时音乐是否自动播放，_____属性可设置音乐文件是否循环播放。

● 做一做

（1）根据以下网页 2 - 1. html，完成图像链接的效果。当点击图片的缩略图时，显示原图。

要求：

①选择三张大图，并利用图像编辑软件，将它们统一改成 150 * 80 像大小的小图。

②利用表格进行页面布局。

③在页面上插入背景音乐，只播放一次。

④拓展：利用 CSS 样式美化图片的边框。

（2）有时在设置图片特效时，我们可采用 CSS 滤镜功能快速实现图片或文字的透明、翻转等效果，完成后以 2 - 2. html 保存。

①参考以下的效果，实现 CSS 特效。

页面效果	实现代码

②请写出以下特效的作用。

alpha	blur	fliph	flipv	gray

③输入以下的代码，理解将图片放在 DIV 容器中的方法，并适当修改 DIV 标签的属性，达到想要的效果，完成后以 2 – 3. html 保存。

实现代码	

页面效果	

A. 若想将容器的大小变为高 300px，宽 500px，背景为黑色，应如何修改代码？

B. 若想将容器显示一个边框，应如何修改代码？

知识小链接

• 插入图像

图像可以使 html 页面美观生动且富有生机。浏览器可以显示的图像格式有 jpeg，bmp，gif。其中 bmp 文件存储空间大，传输慢，不提倡用。

1. 背景图像的设定

在网页中除了可以用单一的颜色做背景外，还可用图像设置背景。

设置背景图像的格式：

< body background ＝ " image – url" >

其中" image – url"指图像的位置。

2. 网页中插入图片

网页中插入图片用单标签 < img > ，当浏览器读取到 < img > 标签时，就会显示此标签所设定的图像。如果要对插入的图片进行修饰时，仅仅用这一个属性是不够的，还要配合其他属性来完成。

表 2 - 1   插入图片标签 < img > 的属性

属　性	描　述
src	图像的 url 的路径
alt	提示文字
width	宽度通常只设为图片的真实大小以免失真，改变图片大小最好用图像工具
height	高度通常只设为图片的真实大小以免失真，改变图片大小最好用图像工具
align	图像和文字之间的排列属性
border	边框
hspace	水平间距
vlign	垂直间距

● CSS 滤镜功能实现特效

CSS 中的滤镜效果并非所有的浏览器有兼容，CSS 中的滤镜对于 IE 系列的浏览器是全兼容的，但对于像 FF2.0 来说，是显示不出任何效果的，所以请有选择地使用。

CSS 的滤镜属性的标识符是 filter。为了使您对它有个整体的印象，我们先来看一下它的书写格式：

filter：filtername（parameters）

filter 是滤镜属性选择符。也就是说，只要进行滤镜操作，就必须先定义 filter；filtername 是滤镜属性名，这里包括 alpha、blur、chroma 等多种属性，详细内容请看表 2 - 2：

表 2-2 filter 滤镜属性

属性名称	属性解释
alpha	设置透明度
blur	设置模糊效果
chroma	设置指定颜色透明
dropshadow	设置投射阴影
fliph	水平翻转
flipv	垂直翻转
glow	为对象的外边界增加光效
glaryscale	设置灰度（降低图片的彩色度）
invert	设置灯光投影
mask	设置透明膜
shadow	设置阴影效果
wave	利用正弦波纹打乱图片
xray	只显示轮廓

上面 filter 表达式中括号内的 parameters 是表示各个滤镜属性的参数，也正是这些参数决定了滤镜将以怎样的效果显示。

● 添加背景音乐

1. 声音概述

常用 IE 浏览器支持 Wav、Mid 音乐的播放。其他格式的声音文件需要安装相应插件才能播放，例如 QuickTime、Windows Media Player 或 RealPlayer。

声音文件格式有多种，常用的主要有 Mid、Wav、Mp3 格式等。

2. 添加背景音乐

（1） < embed >标签。

语法：< embed src = "music. mid"autostart = "true"100p = -1 >

属性：

autostart：设置打开页面时音乐是否自动播放。

loop：决定当前音乐文件是否循环播放，-1 表示音乐无限循环播放。

（2）＜bgsound＞标签。

标记符 bgsound 的基本属性是 src，用于指定背景音乐的源文件。而常用属性 loop 则用于指定背景音乐重复的次数，若不指定该属性，则背景音乐将无限循环。例如：＜ bgsound src ＝ "背景音乐的 URL" loop ＝ "循环次数" ＞。

（二）任务实施

（1）创建文件 mymedia. html，制作我的音乐贺卡，效果如下图。

我的音乐贺卡

要求：

①插入图片，为图片加上边框。

②鼠标移到图片上，有说明文字显示。

③在页面中插入背景音乐。

（2）在以上的基础上，在页面四至少再增加 2 张图片，制作包括多张图片的音乐贺卡。

（3）为每张图片加上漂亮的边框，并实现 CSS 特效。

（三）任务反思

1. 成果提交

页面截图	主要代码截图

2. 评价总结

考核项目	完成情况		
能在页面中插入图片，并设置对应的属性	□优	□良	□未完成
能在页面中正确插入音乐文件	□优	□良	□未完成
能运用 CSS 滤镜实现各种特效	□优	□良	□未完成
阶段任务一总评（百分制）	自评：		师评：

阶段任务二：制作滚动相册

（一）任务准备

● 做一做

阅读学习资料，完成以下题目。

（1）网页中设置滚动文字可增加文字效果使页面更生动，其标记是＿＿。

（2）设置滚动文字方向的属性是＿＿＿＿，每次移动的距离是＿＿＿＿。

（3）请将班级网站的公告栏设计为滚动文字，光标放在文字上则停止，离开则滚动。请完成此效果，并显示主要代码。

页面效果	主要代码截图
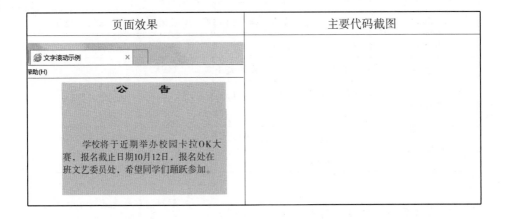	

（4）如何在网页中插入 AVI 文件和 FLASH 动画？请写出代码。

知识小链接

● 滚动字幕 < marquee >

< marquee >标签可以实现元素在网页中移动的效果，以达到动感十足的视觉效果。< marquee >标签是一个成对的标签。应用格式为：

35

< marquee >... </marquee >

< marquee >标签有很多属性，用来定义元素的移动方式：

表 2-3 < marquee >的属性

属 性	描 述
align	指定对齐方式，可以是 top、middle、bottom
bgcolor	设定文字卷动范围的背景颜色
loop	设定文字卷动次数，其值可以是正整数或 infinite 表示无限次默认为无限循环
height	设定字幕高度
width	设定字幕宽度
scrollamount	指定每次移动的速度，数值越大速度越快
scrolldelay	文字每一次滚动的停顿时间，单位是毫秒。时间越短滚动越快
hspace	指定字幕左右空白区域的大小
vspace	指定字幕上下空白区域的大小
direction	设定文字的卷动方向，left 表示向左，right 表示向右，up 表示往上滚动
behavior	指定移动方式，scroll 表示滚动播出，slibe 表示滚动到一方后停止，alternate 表示滚动到一方后向相反方向滚动

下面这两个事件经常用到：

onMouseOut = " this. start( )"：用来设置鼠标移出该区域时继续滚动；

onMouseOver = " this. stop( )"：用来设置鼠标移入该区域时停止滚动。

代码如下：

< marqueeonMouseOut = " this. start( )" onMouseOver = " this. stop( )" >

onMouseOut = " this. start( )"：用来设置鼠标移出该区域时继续滚动；

onMouseOver = " this. stop( )"：用来设置鼠标移入该区域时停止滚动。

● **使用 flash 动画**

flash 动画是目前最流行的 web 多媒体技术，已越来越广泛应用于网络环境中，成为传递图片和声音的主要手段之一。一般浏览器都支持 flash 动画播放。

网页前端脚本制作

简单插入 flash 图像的语法为：

< embedsrc = "你的 flash 地址 . swf" width = "300" height = "220" > < /embed >

● **在网页中播放 AVI 格式的视频文件**

AVI 格式是 Microsoft 公司开发的 Audio Video Interleaved（视频和音频交错同步）格式的文件，也是网页上播放视频的常用格式。

（1）要在网页上插入 AVI 文件，可参考以下代码：

< object id = "video1" classid = "clsid：CFCDAA03 − 8BE4 − 11cf − B84B − 0020AFBBCCFA" width = "320" height = "240" border = "0" >

< param name = "ShowDisplay" value = "0" >

< param name = "ShowControls" value = "1" >

< param name = "AutoStart" value = "1" >

< param name = "AutoRewind" value = "0" >

< param name = "PlayCount" value = "0" >

< param name = "Appearance value = "0 value = " " " >

< param name = "BorderStyle value = "0 value = " " " >

< param name = "MovieWindowHeight" value = "240" >

< param name = "MovieWindowWidth" value = "320" >

< param name = " FileName " value = " http://www. windstudio. net/temp. avi" >

< embed width = "320" height = "240" border = "0" showdisplay = "0" showcontrols = "1" autostart = "1" autorewind = "0" playcount = "0" moviewindowheight = " 240 " moviewindowwidth = " 320 " filename = " http://www. windstudio. net/temp. avi " src = " http://www. windstudio. net/temp/temp. avi" >

< /embed >

< /object >

其中 < param name = " FileName " value = " http://www. windstudio. net/temp. avi" >则为指定要播放的 AVI 文件名。

（2）在 Dreamweaver Cs 中插入视频文件：

①在菜单中选"插入">"媒体">"ActiveX"。

②在属性栏里:"嵌入"后打上对购,在后面的文件夹里选中所选的视频文件。

③点"播放"即可看到。

（二）任务实施

制作一个滚动相册,图片滚动显示,并在网页中嵌入背景音乐和对应的动画或视频。

要求:

(1) 图像布局美观整齐,可利用表格定位;

(2) 只显示缩略图,点击可显示大图;

(3) 滚动方式可自由选择;

(4) 选择的动画或视频要与主题配套。

（三）任务反思

1. 成果提交

请同学展示各自完成的效果。

2. 评价总结

考核项目	完成情况		
图像布局美观且能滚动	□优	□良	□未完成
能显示缩略图,点击后能显示大图	□优	□良	□未完成
正确插入动画或视频	□优	□良	□未完成
阶段任务二总评（百分制）	自评:		师评:

综合练习一

一、选择题

1. HTML 指的是（　　）。

   A. 超文本标记语言（Hyper Text Markup Language）

   B. 家庭工具标记语言（Home Tool Markup Language）

   C. 超链接和文本标记语言（Hyperlinks and Text Markup Language）

   D. 网页制作标准语言

2. Web 标准的制定者是（　　）。

   A. 微软　　　　　　　　　　B. 万维网联盟（W3C）

   C. 网景公司（Netscape）　　D. 苹果公司

3. 用 HTML 标记语言编写一个简单的网页，网页最基本的结构是（　　）。

   A. ＜html＞＜head＞…＜/head＞＜frame＞…＜/frame＞＜/html＞

   B. ＜html＞＜title＞…＜/title＞＜body＞…＜/body＞＜/html＞

   C. ＜html＞＜title＞…＜/title＞＜frame＞…＜/frame＞＜/html＞

   D. ＜html＞＜head＞…＜/head＞＜body＞…＜/body＞＜/html＞

4. 以下标记符中，用于设置页面标题的是（　　）。

   A. ＜title＞　　　　　　　　B. ＜caption＞

   C. ＜head＞　　　　　　　　D. ＜html＞

5. 以下标记符中，没有对应的结束标记的是（　　）。

   A. ＜body＞　　　　　　　　B. ＜br＞

   C. ＜html＞　　　　　　　　D. ＜title＞

6. 下面哪一项是换行符标记？（　　）

   A. ＜body＞　　　　　　　　B. ＜font＞

   C. ＜br＞　　　　　　　　　D. ＜p＞

7. 在 HTML 中，标记 < font > 的 Size 属性最大取值可以是（　　）。

    A. 5   B. 6

    C. 7   D. 8

8. 下面的（　　）特殊符号表示的是空格。

    A. "   B.

    C. &   D. &copy

9. 下列说法错误的是（　　）。

    A. 〈s〉〈/s〉表示上标   B. 〈strike〉〈/strike〉表示删除线

    C. 〈sup〉〈/sup〉表示上标   D. 〈u〉〈/u〉表示下划线

10. （　　）元素用来在网页中插入一个图片。

    A. font   B. img

    C. table   D. p

11. 嵌入背景音乐的 HTML 代码是（　　）。

    A. < backsound src = # >   B. < bgsound src = # >

    C. < bgsound ur = # >   D. < backsound url = # >

12. < marquee >…</marquee > 表示（　　）。

    A. 页面空白   B. 页面属性

    C. 标题传递   D. 移动文字

13. 嵌入多媒体文本的 HTML 的基本语法是（　　）。

    A. < embed url = # > </embed >   B. < embed src = # > </embed >

    C. < a src = # > </embed >   D. < a url = # > </embed >

14. 通过哪个属性可以为图片添加边框线（　　）。

    A. html   B. asp

    C. border   D. img

15. 在网页中，必须使用（　　）标记来完成超级链接。

    A. 〈a〉…〈/a〉   B. 〈p〉…〈/p〉

    C. 〈link〉…〈/link〉   D. 〈li〉…〈/li〉

16. Flash 动画文件后缀为（　　）。

    A. wmv   B. gif

    C. asf   D. swf

17. 指定移动文字的循环次数的 HTML 代码是（   ）。

   A. ＜marquee play＝#＞...＜/marquee＞

   B. ＜marquee loop＝#＞...＜/marquee＞

   C. ＜marquee auto＝#＞...＜/marquee＞

   D. ＜marquee time＝#＞...＜/marquee＞

18. ＜marquee dir＝right＞...＜/marquee＞中的"right"表示（   ）。

   A. 移动文字从上到下   B. 移动文字从下到上

   C. 移动文字从左到右   D. 移动文字从右到左

19. 关于超链接，（   ）的说法是正确的。

   A. 不同网页上的图片或文本可以链接到同一网页或网站

   B. 不同网页上的图片或文本只能链接到同一网页或网站

   C. 同一网页上被选定的一个图片或一处文本可以同时链接到几个不同网站

   D. 同一网页上图片或文本不能链接到同一书签

20. 若要在页面中创建一个图像超链接，要显示的图形为 myhome. TIF，所链接的地址为 http：//www. pcnetedu. com，以下用法中正确的是（   ）。

   A. ＜a href＝http://www. pcnetedu. com"＞myhome. TIF＜/a＞

   B. ＜a href＝"http://www. pcnetedu. com"＞＜img src＝"myhome. TIF"＞
      ＜/a＞

   C. ＜img src＝"myhome. TIF"＞＜a href＝"http://www. pcnetedu. com"＞
      ＜/a＞

   D. ＜a href＝http://www. pcneredu. com＞＜img src＝"myhome. TIF"＞

二、填空题

1. 要设置一条1.0像素粗的水平线，应使用的 HTML 语句是_____。

2. 使页面的文字居中的方法有_____。

3. 标题字的标记是_____。

4. 文件头标记也就是通常所见到的_____标记。

5. 创建一个 HTML 文档的开始标记符是_____，结束标记符是_____。

6. 标记是 HTML 中的主要语法，分_____标记和_____标记两种。大多数标记是_____出现的，由_____标记和_____标记组成。

7. 把 HTML 文档分为_____和_____两部分。_____部分就是在 Web 浏览器窗口的用户区内看到的内容，而_____部分用来设置该文档的标题（出现在 Web 浏览器窗口的标题栏中）和文档的一些属性。

8. 从 IE 浏览器菜单中选择_____命令，可以在打开的记事本中查看网页的源代码。

9. HTML 语言中，设置背景颜色为#A450F2 的代码是_____。

10. URL 的中文名称是_____。

11. 想实现文字的段落缩排，可以使用_____标记。

12. 设置背景音乐除了使用 bgsound 标记外，还可以使用的标记是_____。

13. 在插入图片标记中，对插入的图片进行文字说明使用的标记是_____。

14. 设定图片高度及宽度的属性是_____。

15. 指定移动文字的循环延时的属性是_____。

16. 在页面中添加背景音乐 bg. mid，循环播放 3 次的语句是_____。

17. 网页中常用的图片格式为_____、_____和_____。

18. < tr >…</tr>是用来定义_____；< td >…</td>是用来定义_____；< th >…</th>是用来定义_____。

19. 单元格垂直合并所用的属性是_____；单元格横向合并所用的属性是_____。

20. 请写出在网页中设定表格边框的厚度的属性_____；设定表格单元格之间宽度属性_____；设定表格内容与单元格间的距离属性_____。

三、上机操作题

1. 建立站点。要求：

（1）以"Mysite + 姓名"建立站点文件夹；

（2）以正确的命名方式，建立并组织好站点内的文件。

2. 制作 index.html 页面，效果如下：

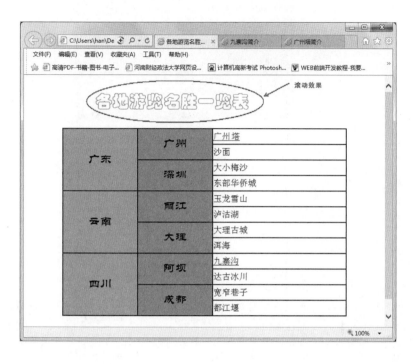

要求：

（1）制作表格，显示各地游览名胜；

（2）美化文字；

（3）美化表格，表格边框、单元格背景；

（4）制作文字滚动效果："各地游览名胜一览表"文字，在页面居中位置，500px 宽度的范围内左右滚动；

（5）设置"广州塔"文件链接到"t 01. html"；

（6）设置"九寨沟"文件链接到"t 02. html"。

3. 制作 t 01. html 页面，效果如下：

广州塔

- 概述
- 设计特点
- 特色之处

概述

　　广州塔于2009年9月建成，包括发射天线在内，广州塔高达600米（其中塔体高450m，天线桅杆高150m），112层。为中国第一高塔，世界第三高塔。仅次于阿联酋迪拜哈利法塔（828米）、日本东京天空树电视塔（634米）。

　　广州塔（Canton Tower），建于广州市海珠区阅江西路，距离珠江南岸125米，与海心沙岛及珠江新城隔江相望，是一座以观光旅游为主，具有文化娱乐和城市窗口功能的大型城市基础设施，为2010年在广州召开的第十六届亚洲运动会提供转播服务。该塔隶属广州城投集团，由广州建筑和上海建工集团负责施工，已于2009年9月竣工。广州塔塔身主体450米（塔顶观光平台最高处454米），天线桅杆150米，总高度600米，取代加拿大的CN电视塔成为当时世界第三高电视塔，现仅次世界第一高自立式电视塔——日本东京天空树塔的自立式电视塔（高度634米，2008年7月14日动工，2012年2月29日竣工），为世界第二高自立式电视塔，也成为广州的新地标。广州塔已于2010年9月30日正式对外开放，10月1日起正式公开售票接待游客。

设计特点

　　在广州新电视塔建筑设计竞赛中，曾出现多个优秀设计。经过市民投票，专家的层层评审，广州新电视塔设计方案最终选定来自荷兰IBA事务所的设计师马克·海默尔(Mark Hemel)和芭芭拉·库伊特(Barbara Kuit)夫妇。公司的设计方案，塔高450米，天线桅杆150米，以"广州新气象"为主题。建设用地面积17.546万平方米，总建筑面积114054平方米，塔体建筑面积44276平方米，地下室建筑69779平方米。

　　广州塔塔身设计的最终方案为椭圆形的渐变网格结构，其造型、空间和结构由两个向上旋转的椭圆形钢外壳变化生成，一个在基础平面，一个在假想的450米高的平面上，两个椭圆彼此扭转135度，两个椭圆扭转在腰部收缩变细。格子式结构底部比较疏松，向上到腰部则比较密集，腰部收紧固定了，像编织的绳索，呈现"纤纤细腰"，再向上格子式结构放开，由逐渐变细的管状结构柱支撑。平面尺寸和结构密度是由控制结构设计的两个椭圆控制的，它们同时产生了不同效果的范围。整个塔身从不同的方向看都不会出现相同的造型。顶部开放的结构产生了透明的效果，可供瞭望，建筑腰部较为密集的区段则可提供相对私密的体验。可抵御烈度7.8级的地震和12级台风，设计使用年限超过100年。虽然广州新电视塔的塔身高度并不追求全球第一高，但是加上160米的发射天线，610米的广州新电视塔的整体高度仍将成为亚洲最高。

　　由于广州新电视塔处于飞机转向区，按照规定，该处飞机在航线所处位置周围300米内不能出现障碍物，新电视塔上方飞机飞行高度为海拔900米。因此，为确保飞机飞行安全，现已从塔顶天线撤出10米，最终高度为600米。

特色之处

　　世界最高户外观景平台：广州塔488米摄影观景平台于2013年获得世界吉尼斯纪录"世界最高户外观景平台"荣誉；世界最高惊险之旅：广州塔"速降体验"于2013年获得世界吉尼斯纪录"世界最高惊险之旅"荣誉，该项目为吉尼斯纪录委员会为广州塔全新打造的奖项名称，除广州塔"速降体验"外，无其他任何纪录获得者；

　　最长的空中云梯：设于160多米高处，旋转上升，由1000多个台阶组成；

　　最高的旋转餐厅：424米高的旋转餐厅可容纳400人就餐，享受中外美食；

　　最高的4D影院：身处百米高空看有香味的电影；

　　最高的商品店：432米高的广州塔纪念品零售商店，让您可以把广州塔精美的模型带回家。

　　最高的横向摩天轮：在450米露天观景平台外围，增设一个横向的摩天轮，可以乘坐摩天轮一览广州美景。

　　最高的空中邮局：在高空邮寄出你对亲朋好友的祝福。

　　全球最高摩天轮：广州塔摩天轮主要由观光球舱、轨道系统、登舱平台、控制系统等构成。与一般竖立的摩天轮不同，广州塔摩天轮的16个"水晶"观光球舱，不是悬挂在轨道上，而是沿着倾斜的轨道运转。游客的登舱平台将分设上、下客区，边缘将设置可随球舱移动的1.2米高安全移门，以确保游客游览的有序和安全。"观光球舱围绕天线公转"一周为20分钟至40分钟，游客能够从各个角度观赏广州美景，广州塔建设公司负责人表示，由于"站"在450米的广州塔之上，它是世界上最高的摩天轮。

要求：

（1）为图片添加边框特效；

（2）为"概述"、"设计特点"、"特色之处"制作锚点链接；

（3）为段落设置行高、首行缩进；

（4）为重点文字设置"加粗"显示。

4. 制作 t 02. html 页面，效果如下：

要求：

（1）在页面中插入 4 幅图片；

（2）在页面中插入背景音乐；

（3）在页面的上下各插入水平线，下部的水平线为屏幕的 60%，粗细为 2px；

（4）在页面底部输入版权。

评价反馈表

	考核项目	考核细则		比例	分数
1	学习态度	出勤情况好，无缺勤，无迟到、早退（5分）		15%	
		遵守课堂纪律，有良好的行为习惯（5分）			
		完成任务时积极，小组成员之间主动合作（5分）			
2	能按学习任务要求，完成网站前端设计	阶段任务一		70%	
		阶段任务二			
		平均分			
3	工作页及学习汇报完成情况	能认真完成工作页，文字描述准确，截图清晰（5分）		15%	
		小组汇报时表达准确，语言简练，段落完整（5分）			
		能将该实训所用到的知识点进行总结迁移（5分）			
	合计			100%	
4	创造性学习（附加分）	教师以10分为上限，奖励工作中有突出表现和特色做法的学生，旨在考核学生的创新意识（10分）		10%	
自我评价（收获）					
综合评价（组评）					
教师评语					

说明：

　　本任务评价反馈的考评材料为：阶段任务网页、网站页面、工作页。本任务采用过程性评价和结果性评价相结合、定性评价与定量评价相结合的评价方法，全面考核学生的专业能力和关键能力。评价过程可根据不同的任务，使用学生自评、组评和教师评的评价方式。建议学生自评占20%，小组互评占20%，教师评价占60%，教师也可根据实际需要做调整。

学习任务三

修饰网页中的文字与图片

学习目标◎

（1）利用 CSS 样式表标记修饰网页中的文字表格等形式；

（2）根据网页内容制作生动的导航栏；

（3）综合运用 Javascript/Jquery 技术实现图片的淡入淡出、显示隐藏、鼠标经过等效果。

内容结构

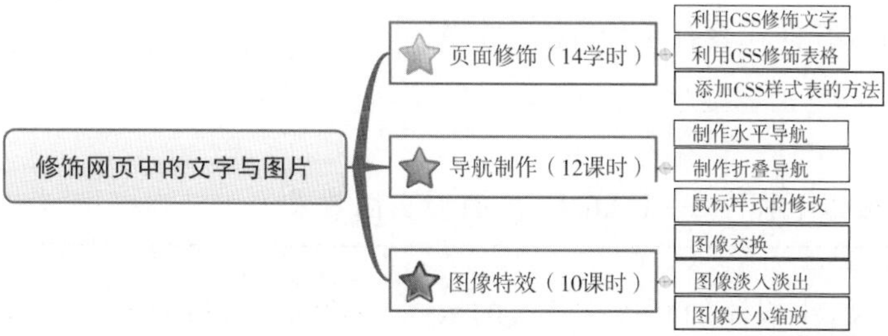

✲ 建议学时：36 学时

任务描述

一个班级的组成首先是学生，其次是老师和家长，每一个班级都可以有自己的特色与个性。一个良好的班级网站能为学生、家长和老师提供相互沟通的平台，也是学生展现自己风采最有效的途径。

本任务主要是利用有效的脚本语言，主要包括 HTML、CSS、Javascript 或 Jquery 等实现对网页中的文字与图片的修饰。难点在于寻找并运用合适的脚本语言进行设计，能对已有的特效代码进行修改，并运用到网页中。本任务主要包括三个阶段任务：

（1）修饰页面中的文字和表格；

（2）完成导航栏的制作；

（3）修饰网页中图片，实现图片特效。

阶段任务一：修饰页面中的文字与表格

（一）任务准备

● 想一想

（1）CSS 的中文意思是_____，CSS 样式能将_____与 HTML 文件内容_____。

（2）CSS 是包含一个或多个规则的_____，并通过_____和_____来决定网页中的元素显示方法。

（3）样式表中每个规则都有两个部分：_____和_____。请解释以下标记的作用：h1 {color：red；background：blue} _____。

（4）添加 CSS 样式表有 4 种方法，分别为_____、_____、_____和_____。

● 做一做

请同学完成以下程序 3 – 1. html，并查看页面效果。

```html
<html>
    <head><title>添加 CSS 样式表的示例</title></head>
    <body>
        <pstyle = "color:red;font - size:30px">
            此行文字使用了标记内的 style 属性设置
        </p>
    </body>
    </html>
```

● 想一想

（1）以上程序修改了哪个标记的样式？

（2）以上程序使用了哪种 CSS 样式的添加方法？请用其他三种方式完成以上效果，并将代码截图如下。

 知识小链接

● CSS 概述

（1）CSS 指层叠样式表（Cascading Style Sheets）。样式就是格式，对于网页来说，显示的文字大小、颜色以及图片位置等都是网页的样式。CSS 样式能将样式与 HTML 文件内容分离。

（2）层叠指当 HTML 文件引用多个 CSS 样式时，浏览器将根据先后顺序来应用，遵循"最近优选原则"。

（3）CSS 是包含一个或多个规则的文件，并通过属性和值来决定网页中的元素显示方法。

● CSS 语法

CSS 规则由两个主要的部分构成：选择器，以及一条或多条声明。每条声明由一个属性和一个值组成，并用花括号括起来。属性是希望设置的样式属性，每个属性有一个值，属性和值用冒号分开。如：

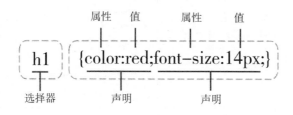

● 样式表的定义与使用

在 CSS 里可以使用四种方法将样式表添加到网页里。如表 3 - 1 所示：

表 3 - 1　增加 CSS 样式表的四种方法

添加方式	说明	示例代码
定义标记内的 style 属性	在相关的标签内使用样式 style 属性。style 属性可以包含任何 CSS 属性	< p style = " color：blue；font - size：20px" > 此行文字被 style 属性定义为蓝色字体，20 像素大小。</p > 注意：由于要将格式表现与内容混杂在一起，会损失样式表的许多优势，请慎用。
内部样式表	当单个文档需要特殊的样式时，可使用内部样式表。< style > 标签在文档头部定义	< html > < head > < style type = " text/css" > p｛color：blue；font - size：20px；｝ </style > </head > < body > <p >此行文字被内部样式定义为蓝色字体，20 像素大小 </p > </body > </html >
嵌入外部样式表	嵌入外部样式表就是在 HTML 代码中直接导入样式表的方法 外部样式表可以在任何文本编辑器中进行编辑 文件不能包含任何的 html 标签。样式表应该以 .css 扩展名进行保存	< html > < head > 　　< style type = " text/css" > 　　@ importurl（"mystyle. css"）； 　　　</style > </head > < body > <p >此行文字被外部样式定义为蓝色字体，20 像素大小 </p > </body > </html > 外部样式表定义的内容即为： p ｛color：blue；font - size：20px；｝

（续上表）

添加方式	说明	示例代码
链接外部样式表	当样式需要应用于很多页面时，可使用链接外部样式表 每个页面使用 < link > 标签链接到样式表，< link > 标签在文档的头部。浏览器会从样式文件中读到样式声明，并根据它来格式文档	< head > < linkrel = " stylesheet" type = " text/css" 　href = " mystyle. css" / > </ head > 注意：外部样式表可以在任何文本编辑器中进行编辑。文件不能包含任何的 html 标签。样式表应以 . css 扩展名进行保存。

● 做一做

请同学完成以下程序 3 - 2. html，实现如图所示的文字效果，并将程序补充完整。

```
< html >
< head >
< title >CSS 选择器 </title >
< style type = "text/css" >
h1{font - family:"华文隶书"; font - size:36px}
. p1{font - family:"黑体"; font - size:24px; color:#993399}
#p2{font - family:"华文楷体"; font - size:36px; color:#3300FF}
. f1{font - family: Courier New; font - size:80px; color:#0000FF; font - style:italic;
text - transform:uppercase;}
. f2{font - family: Courier New; font - size:80px; color:#FF0000; font - style:italic}
. f3{font - family: Courier New; font - size:80px; color:#FFFF00; font - style:italic}
. f4{font - family: Courier New; font - size:80px; color:#0000FF; font - style:italic}
. f5{font - family: Courier New; font - size:80px; color:#339900; font - style:italic}
. f6{font - family: Courier New; font - size:80px; color:#0000FF; font - style:italic;}


</style >
</head >


< body >
< h1 >CSS 定义方法与文字效果 </h1 >
< p class = _____ >中国加油——此处类定义 </p >
< p id = _____ >中国加油——此处 ID 定义 </p >
< p >
```

```
< font class = " f1 " > g < / font >
< font class = _____ > o < / font >
< font class = _____ > o < / font >
< font class = _____ > g < / font >
< font class = _____ > l < / font >
< font class = _____ > e < / font >
< / p >

< / body >
< / html >
```

显示的效果如图所示：

CSS定义方法与文字效果

中国加油——此处定义

中国加油——此处ID定义

Google

知识小链接

如果在页面元素中标识了 id 或 class 属性，那么我们可以在选择器定义中使用，从而对被标识的元素进行格式化。CSS 选择符类型有两种，分别为 id 选择器和类（class）选择器。

表 3 – 2　id 选择器与类（class）选择器

选择器	说明	定义	引用
id 选择器	id 选择器以 "#" 来定义	< style type = " text/css" > #mycolor1 {color:red;} </style>	< body > < p id = " mycolor1" > 这个段落是红色 </p> </body>
类(class) 选择器	类选择器以一个点号"." 显示	< style type = " text/css" > . mycolor2 {color:green;} </style>	< body > < p class = " mycolor2" > 这个段落是绿色 </p> </body>

● 做一做

在 Dreamweaver CS6 中建立一个新的站点，用于管理本任务中的资源。站点名称为 myweb2，并建立专门的目录 img 存放图片。

⚙ **知识小链接**

1. Dreamweaver CS6 的介绍

Dreamweaver CS 是世界顶级软件厂商 Adobe 推出的一套拥有可视化编辑界面，用于制作并编辑网站和移动应用程序的网页设计软件。更多关于此软件的介绍，请同学们上网查找相关资料。

2. 创建站点

Dreamweaver CS6 提供了功能强大的站点管理工具，通过它可以轻松实现站点名称及所在路径定义、远程服务器连接、版本控制等功能，并且可以在此基础上实现文件管理等功能。

那么什么是站点呢，简单地说，站点就是一个网站，一个小型的网站可以是由一个站点建成。创建站点的步骤如下：

（1）打开 Dreamweaver CS6。选择"站点" > "新建站点"命令，打开"新建站点"窗口。

（2）设置新站点的信息，"站点"项用来设置站点名称和本地站点文件夹。

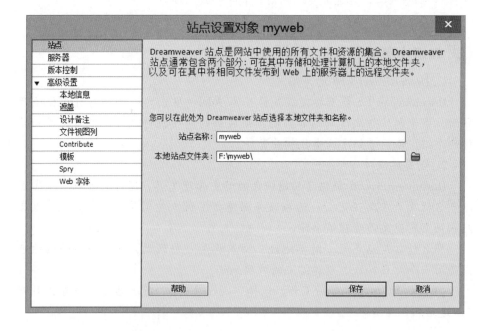

（3）"服务器"项用于动态网站的构建。静态网站并不需要。点击"+"，添加一个服务器。

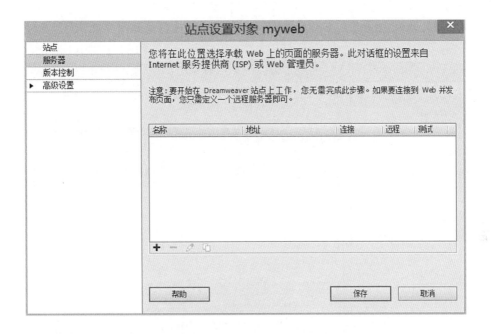

（4）调试网站我们一般选择"连接方法"，点击"本地/网络"。"服务器文件夹"则输入安装的服务器位置或站点文件夹所在位置。

（5）点击"保存"回到服务器对话框，并勾选服务器的"测试"。

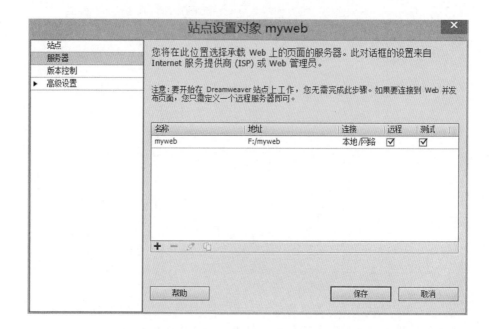

（6）完成后可在"文件"面板中看到创建好的站点目录。

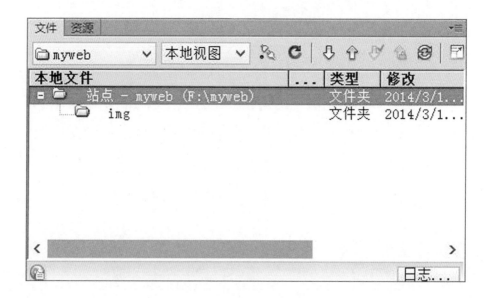

● 想一想

阅读学习材料，查看关于 DIV 标记的应用，完成以下题目。

（1） < div > 标签可以把文档分割为_____的、不同的部分。它可以用作严格的组织工具，并且不使用任何格式与其关联。

（2） 可以为 < div > 标签添加 style 来设置其样式。也可以通过 < div > 的 class 或_____应用额外的样式。

（3） 定义层的定位是_____属性。_____和_____可定义层的宽度和高度。_____属性可设置层的浮动方式。

● 做一做

请输入以下代码，完成程序 3 – 3. html，实现如图所示的效果。

```
< html  >
< head >
< title > 利用 CSS 修饰表格 < /title >
< style type = " text/css" >
. tableborder {
    background – color：#FF9；
    border – right – width：4px；
    border – right – style：dashed；
    border – right – color：red；
    border – bottom – width：4px；
    border – bottom – style：solid；
    border – bottom – color：green；
    padding – top：20px；
    padding – left：10px；
    }

. mydiv {
    width：250px；
    height：50px；
    background – color：#9F9；
    font – size：28px；
    line – height：5px；
    border：6px dotted #06F；
    }
< /style >
< /head >
```

```
< body >
< div class = " mydiv" >
< p align = " center" > 段落底纹与边框 </p >
</div >
< br >
< table        border = "0"        widht = 300px       height = "100px"
cellspacing = "2px" >
  < tr >
    < td class = " tableborder" > 手机充值 </td >
    < td class = " tableborder" > 电子彩票 </td >
  </tr >
  < tr >
    < td class = " tableborder" > 电脑硬件 </td >
    < td class = " tableborder" > 数码相机 </td >
  </tr >
</table >
</body >
</html >
```

显示的效果如图所示：

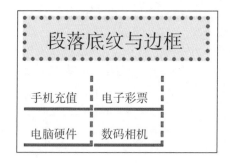

思考：若要将以上所有的 CSS 样式以文件单独存在，应怎样操作？请完成。

（二）任务实施

根据所给的班级网站页面，利用 CSS 样式表进行修饰。要求：

（1）利用表格进行页面布局，请写出你设计的表格是 ＿＿＿＿＿ 行

_____列；

（2）美化公告栏的表格线、背景和文字等；

（3）将公告栏改成从下往上的滚动效果；

（4）美化课程表。

效果如下图所示：

请将以上的 CSS 代码截图：

（三）任务反思

1. 成果提交

请同学们分享自己修改后的网页效果。

2. 任务拓展

制作如图所示的餐饮公司页面 3 – 4. html，要求：

（1）利用 DIV 层布局页面，请将页面布局代码截图如下：

（2）导航图片制作成左右滚动的动态效果；

（3）利用 CSS 样式修改页面，制作如下图的效果。

    ①页面背景为橙色，文字行高 150% 。

    ②标题文字"公司介绍"：橙黄色，宋体，粗体，16 像素。

    ③其他标题文字：橙黄色，宋体，粗体，16 像素。

    ④正文文字：黑色，宋体，12 像素。

请将以上的 CSS 代码截图：

3. 评价总结

考核项目	完成情况		
利用 CSS 修改页面背景和文字	□优	□良	□未完成
利用 CSS 修饰表格	□优	□良	□未完成
正确使用 Dreamweare CS6 进行 CSS 的设置	□优	□良	□未完成
阶段任务一总评（百分制）	自评：		师评：

阶段任务二：完成导航栏的制作

（一）任务准备

• 做一做

（1）利用无序列表完成以下效果。

- <u>首页</u>
- <u>产品世界</u>
- <u>绿色服务</u>
- <u>绿色家园</u>
- <u>资讯中心</u>
- <u>关于新飞</u>
- <u>人力资源</u>

（2）为列表添加 CSS 样式，实现下图的水平导航效果。

● 想一想

（1）列表是垂直显示的，如果要实现水平显示，应该在 CSS 样式中修改_____属性值。

（2）请将以下代码补充完整。

```
<html>
<head>
<style type="text/css">
body {
font-family: Verdana; font-size: 12px;font-weight:bold; line-height: 1.5px; }
a { color: #FFF; text-decoration: _____; }
a:hover { color: #F00; }
#menu {border: 1px solid #CCC; width:900px;height:26px; background:#0000ff;}
#menu ul { list-style: _____; margin: 0px; }
#menu ul li { float:_____; padding: 0px 40px;  line-height: 26px; }
</style>
</head>

<body>
<div id="menu">
  <ul>
      <li><a href="">首页</a></li>
      <li><a href="">产品世界</a></li>
      <li><a href="">绿色服务</a></li>
      <li><a href="">绿色家园</a></li>
      <li><a href="">资讯中心</a></li>
      <li><a href="">关于新飞</a></li>
      <li><a href="">人力资源</a></li>
  </ul>
</div>
</body>
</html>
```

🌀 **知识小链接**

认识 Jquery

Javascript 是世界上最流行的客户端脚本语言。它被设计为向 HTML 页面增加交互性。而 Jquery 是一个 Javascript 的函数库。它极大地简化了 Javascript 编程，使用户更方便地实现动画效果。

使用 Jquery 前，首先要准备 Jquery 库，必须通过以下方式将 Jquery 库添加到网页中，并把文件放到网站目录下。

```
< head >    < script type = " text/javascript"    src = " jquery. js" >    </script >
</head >
```

若需下载 Jquery，可到官方网站 http://jquery. com 下载。关于 Jquery 更多相关的内容，可到 http://www. 3wschool. com. cn/jquery/index. asp 网站了解。

• 做一做

让我们一起来做一做，体会一下 Jquery 的强大功能吧！

（1）实现隐藏显示效果，当鼠标单击文字时则消失。参考以下代码，完成程序 3 – 5. html。

```
< html >
< head >
< script type = " text/javascript" src = " jquery. js" >  </script > </script >
< script type = " text/javascript"  >
$ (document). ready(function( ){
  $ ("p"). click(function( ){
      $ (this). hide( );
  });
});
</script >
</head >
< body >
<p >如果您点击我,我会消失。</p >
<p >点击我,我会消失。</p >
<p >也要点击我哦。</p >
</body >
</html >
```

（2）在 Jquery 中，实现元素显示的方法是_____，实现元素隐藏的方法是_____。

（3）如果想单击某个标题或图片后消失，那应如何修改程序？请写出修改代码。

（4）实现淡入淡出效果。参考以下代码，完成程序 3 – 6. html。

```
< html >
< head >
< script type = "text/javascript" src = "jquery. js" > </script > </script >
< script type = "text/javascript" >
$ (document). ready(function() {
  $ ("button"). click(function() {
    $ ("#div1"). fadeIn();
    $ ("#div2"). fadeIn("slow");
    $ ("#div3"). fadeIn(3000);
  });
});
</script >
</head >
< body >
< button > 点击这里,使三个矩形淡入 </button >  < br > < br >
< div id = "div1" style = "width:80px;height:80px;display:none;background – color:red;" >
</div >
< br >
< div id = "div2" style = "width:80px;height:80px;display:none;background – color:green;"
> </div >
< br >
< div id = "div3" style = "width:80px;height:80px;display:none;background – color:blue;"
> </div >
</body >
</html >
```

● 想一想

（1）fadeIn（）用于淡入已隐藏的元素。其语法是：

$(selector).fadeIn(speed,callback);

可选的 speed 参数规定效果的时长。它可以取："slow"、"fast" 或毫秒。

（2）fadeOut（）方法用于淡出可见元素，请尝试将以下程序改为淡入后又淡出的效果，并写出修改代码。

（3）运行老师给予的程序，查看动画效果，并回答以下问题。

```
<? xml version = "1.0" encoding = "utf-8"? >
<! DOCTYPE html PUBLIC " -//W3C//DTD XHTML 1.0 Transitional//EN" " http://
www.w3.org/TR/xhtml1/DTD/xhtml1-transitional.dtd" >
<html xmlns = "http://www.w3.org/1999/xhtml" xml:lang = "ja" lang = "ja" >
<head >
<meta http-equiv = "Content-Type" content = "application/xhtml + xml; charset = utf-8"
/ >
<meta http-equiv = "Content-Script-Type" content = "text/javascript" / >
<meta http-equiv = "Content-Style-Type" content = "text/css" / > <title >折叠显示 </
title >
<link rel = "stylesheet" type = "text/css" href = "css/import.css" media = "all" / >
<link rel = "stylesheet" type = "text/css" href = "css/jquery-ui-1.8.4.custom.css" media
= "all" / >
<script type = "text/javascript" charset = "utf-8" src = "js/jquery-1.4.2.min.js" > </
script >
<script type = " text/javascript " charset = " utf-8 " src = " js/jquery-ui-
1.8.4.custom.min.js" > </script >
```

```
< script type = " text/javascript"  charset = " utf – 8 "  src = " js/jQuerySampleScript. js" > </
script >
</head >

< body >
< div id = " header" >  < h1 > 折叠显示 </h1 >  </div >
< div id = " accordion" >
<h2 > < a href = "#" > Ajax 的发展史 </a > </h2 >
  < div >
    < p > 该技术在 1998 年前后得到了应用。允许客户端脚本发送 HTTP 请求(XMLHT-
TP)的第一个组件由 Outlook Web Access 小组写成。</p >
  </div >

<h2 > < a href = "#" > Ajax 的优点和缺点 </a > </h2 >
  < div >
    < p > 使用 Ajax 的最大优点,就是能在不更新整个页面的前提下维护数据。</p >
    < p > Ajax 不需要任何浏览器插件,但需要用户允许 Javascript 在浏览器上执行。</p >
</div >

<h2 > < a href = "#" > Ajax 的工作原理 </a > </h2 >
  < div >
    < p > Ajax 的核心是 Javascript 对象 XmlHttpRequest。该对象在 Internet Explorer 5 中
首次引入,它是一种支持异步请求的技术。</p >
    < p > 在创建 Web 站点时,在客户端执行屏幕更新为用户提供了很大的灵活性。下
面是使用 Ajax 可以完成的功能: </p >
  </div >
</div >
</body >
</html >
```

问题1：要用到 Jquery 程序，需要在文件头中添加对应的 Jquery 库，如何添加，请指出。

问题 2：程序中有几个 DIV 层?

问题 3 ： 显示文字放在哪个 DIV 层？

问题 4 ： 要实现点击标题栏显示动画，可运用什么标记？ 请指出。

（二） 任务实施

（1） 利用所学的知识，对首页的导航栏进行设计。

请将对导航栏设计的主要代码截图

思考：当鼠标移到导航栏的文字上鼠标形状发生变化，应添加什么代码，请写出。

（2）利用所学的知识，对留言本页面进行设计，实现折叠显示效果。

（三）任务反思

1. 成果提交

请同学们分享自己修改后的网面效果。

2. 任务拓展

网站设计中导航栏的设置非常重要。漂亮的导航能为网站增添不少色彩。根据页面的布局，除了常用的水平导航栏，还有垂直导航栏、选项卡导航栏、下拉式导航栏等等。制作的方法也灵活多样，如 CSS 样式插件等。请同学们课外尝试制作各种类型的导航栏。

3. 评价总结

考核项目	完成情况		
完成水平导航栏的制作	□优	□良	□未完成
实现折叠导航栏的制作	□优	□良	□未完成
实现鼠标特效	□优	□良	□未完成
阶段任务二总评（百分制）	自评：		师评：

阶段任务三：修饰网页中的图片，实现图片特效

（一）任务准备

• 做一做

图片变换。

方法一：利用 Dreamweare CS6 中的行为，可实现页面图像交换的效果。请查阅资料，实现两张图片的切换。

方法二：利用 Javascript 语言快速实现图片变换及大小变换。

参考以下代码实现程序 3 – 7. html.

```
< HTML >
  < HEAD >
   < TITLE >  New Document  < /TITLE >
   < style type = "text/css" >
  . img1  img{ width :200px ; height :150px ; }
  . img2  img{ width :500px ; height :300px ; }

   < /style >
  < /HEAD >
   < BODY >
< div class = "img1" onMouseOver = "this. className = ímg2" onMouseOut = "this. className = ímg1" >
< img src = "spring0. bmp"  width =200px height =150px >
   < /div >
   < /BODY >
< /HTML >
```

知识小链接

在 CSS 中，可以利用上下文选择符（也叫后代组合式选择符）进行元素选择。其格式为：

标签1　标签2 {声明}

说明：以空格分隔标签名。这里的标签就是 HTML 元素，标签 2 是我们想要选择的目标，而且只有在标签 1 是标签 2 的祖先元素时才能选中标签 2。例如在样式中有如下定义：

```
<style type=" text/css" >
. divdemo {border：5px groove orange；}
. divdemo p {font－size：20px；color：red；}
   </style>
```

它规定了引用 divdemo 类元素的样式，同时也规定了它所包含的段落标记〈p〉的样式。

● 想一想

（1）图像切换前的大小是 ＿＿＿＿＿＿＿＿＿＿＿ ，切换后的大小是＿＿＿＿＿＿＿＿＿＿＿＿。

（2）图像大小的切换是利用了 Javascript 语言中的哪两个事件：＿＿＿＿＿。

（3）请解释以下这段代码的意思：＿＿＿＿＿＿＿＿＿＿＿＿＿＿＿＿。

```
onMouseOver=" this. className=´img2" onMouseOut=" this. className=´img1"
```

 知识小链接

（1）Jquery 元素选择器和属性选择器允许通过标签名、属性名或内容对 HTML 元素进行选择。下表是语法表格。

表3-3 语法表格

语法	描述
$ (this)	当前 HTML 元素
$ ("p")	所有 < p > 元素
$ ("p. intro")	所有 class = "intro" 的 < p > 元素
$ (". intro")	所有 class = "intro" 的元素
$ ("#intro")	id = "intro" 的第一个元素
$ ("ul li:first")	每个 < ul > 的第一个 < li > 元素
$ ("\[href $ = '. JPG'\]")	所有带有以 ". JPG" 结尾的属性值的 href 属性
$ ("div#intro . head")	id = "intro" 的 < div > 元素中的所有 class = "head" 的元素

（2）Jquery 事件处理方法是 Jquery 中的核心函数。

事件处理程序指的是当 HTML 中发生某些事件时所调用的方法。术语由事件"触发"（或"激发"），经常会被使用。参下表。

表3-4 常用的 Event 函数

Event 函数	绑定函数至
$ (document). ready(function)	将函数绑定到文档的就绪事件(当文档完成加载时)
$ (selector). click(function)	触发或将函数绑定到被选元素的点击事件
$ (selector). dblclick(function)	触发或将函数绑定到被选元素的双击事件
$ (selector). focus(function)	触发或将函数绑定到被选元素的获得焦点事件
$ (selector). mouseover(function)	触发或将函数绑定到被选元素的鼠标悬停事件

（3）Jquery 常用的效果函数。参下表。

表3-5 常用的效果函数

函数	描述
$ (selector). hide( )	隐藏被选元素
$ (selector). show( )	显示被选元素
$ (selector). toggle( )	切换(在隐藏与显示之间)被选元素

（续上表）

函数	描述
$ (selector). slideDown( )	向下滑动（显示）被选元素
$ (selector). slideUp( )	向上滑动（隐藏）被选元素
$ (selector). slideToggle( )	对被选元素切换向上滑动和向下滑动
$ (selector). fadeIn( )	淡入被选元素
$ (selector). fadeOut( )	淡出被选元素
$ (selector). fadeTo( )	把被选元素淡出为给定的不透明度
$ (selector). animate( )	对被选元素执行自定义动画

● 做一做

参考以下代码，完成程序 3 - 8. html，实现图层移动和大小变化的效果。

```
< html >
< head >
< script type = "text/javascript" src = "jquery. js" > </script >
< script type = "text/javascript" >
$ ( document ). ready( function( ) {
    $ ( "#start" ). click( function( ) {
$ ( "#box" ). animate( {left:"100px"} ,"slow" );
    $ ( "#box" ). animate( {fontSize:"3em"} ,"slow" );
    } );
} );
</script >
</head >

< body >
< p > < a href = "#" id = "start" > Start Animation </a > </p >
< div id = " box "  style = " background: #98bf21; height: 100px; width: 200px; position:
relative" >
    HELLO
</div >
  </body >
</html >
```

● 想一想

如果将图层的移动改为图像的移动，应如何修改代码？

● 做一做

（1）参考以下代码，完成程序 3 – 9. html，实现图像大小转换的动画，并在此基础上实现图像移动与渐变效果。请展示各自完成的效果。

```
< html >
< head >
< script type = " text/javascript" src = " jquery. js" > </script >
< script type = " text/javascript" >
$ ( document ). ready( function( ) {
  $ ( " #start" ). click( function( ) {
  $ ( " #box" ). animate( { height:300} ," slow" ) ;
  $ ( " #box" ). animate( { width:300} ," slow" ) ;
  $ ( " #box" ). animate( { height:100} ," slow" ) ;
  $ ( " #box" ). animate( { width:100} ," slow" ) ;
    } ) ;
} ) ;
</script >
</head >
  < body >
< p > < a href = " #" id = " start" > Start Animation </a > </p >
< div id = " box" style = " background:#98bf21; height:100px; width:100px; position:rela-
tive" >
</div >
  </body >
</html >
```

（2）运行老师给予的 3 – 10. html 程序，实现图像从远而近的缩放效果。效果如图所示。

读懂程序，并回答问题。

```
<! DOCTYPE html PUBLIC "-//W3C//DTD XHTML 1.0 Strict//EN"
"http://www.w3.org/TR/xhtml1/DTD/xhtml1-strict.dtd">
<html xmlns = "http://www.w3.org/1999/xhtml">
<head>
<title> Spacegallery 演示 </title>
<meta http-equiv = "content-type" content = "text/html; charset = utf-8" />
<link rel = "stylesheet" media = "screen" type = "text/css" href = "css/spacegallery.css" />
<script type = "text/javascript" src = "js/jquery.js"> </script>
<script type = "text/javascript" src = "js/eye.js"> </script>
<script type = "text/javascript" src = "js/utils.js"> </script>
<script type = "text/javascript" src = "js/spacegallery.js"> </script>
<style type = "text/css">
  #myGallery{
    width:400px; height:300px;
}
</style>
</head>

<script type = "text/javascript">
$ (function(){
    $ ('#myGallery'). spacegallery();
});
</script>
<body>
<h2> Spacegallery 演示 </h2>
<div id = "myGallery" class = "spacegallery">
    <img src = "images/bw3.JPG" alt = "" />
    <img src = "images/lights3.JPG" alt = "" />
    <img src = "images/bw2.JPG" alt = "" />
    <img src = "images/lights2.JPG" alt = "" />
    <img src = "images/bw1.JPG" alt = "" />
    <img src = "images/lights1.JPG" alt = "" />
</div>
</body>
</html>
```

● 想一想

（1）此程序运用了 Jquery UI 的 Spacegallery 插件，可以从 http://www.eyecon.ro/spacegallery/网站下载插件 Spacegallery 的程序。

（2）导入插件的 Javascript 文件有哪几个？请写出。

（3）图像预设的最大尺寸是多少？

（4）如果要更换图像，应如何修改代码？请写出。

（二）任务实施

请同学们根据所学知识，对以下页面的图像进行修饰，实现动态效果，使页面更生动。

多媒体一班

首页 | 班级日志 | 班级相册 | 个人主页 | 留言本 | 关于我们 |

顽强拼搏，超越自我

欢迎您访问我的班级网站

57位来自五湖四海的学子，57张意气风发的笑脸汇集在这里为了梦想共同奋斗。

多媒体一班于2010年9月成立。成立半年多以来，全班同学以"团结、和谐、文明、进取"为班级文化，团结一心、锐意进取，在各方面都交出了令人满意的答卷。

Read More

班级活动
Class Active

班级新闻
Class News

 关于普通话考试的通知
我院今年3月份的普通话水平测试开始接受报名...

 "卫生健康大讲堂"大学走进
怎么预防传染病？食物出现什么变化后不能吃？...

公告栏
Bulletin Board

"五一"节放假的通知
根据国家法定节假日安排，放假时间为4月30日至5月2日，共3天。5月3日（星期二）正常上班。各单位做好假期工作安排及学生安全教育工作。

校园卡拉OK大赛
学校将于近期举办校园卡拉OK大赛，报名截止时间4月30日。报名处在班级文艺委员处，希望各位同学积极参加。

星期	一	二	三	四	五
上午	PS	英语	体育		数据库
			英语	数据库	
下午	数据库	英语		体育	
			PS		

首页 | 班级日志 | 班级相册 | 个人主页 | 留言本 | 关于我们 |

要求	实现代码截图
Banner 图片的修饰	
相册的展示	

学习任务三 修饰网页中的文字与图片

79

（三）任务反思

1. 成果提交

（1）请展示各自实现的效果。

（2）此任务中用到哪些方法或插件，请总结一下。

2. 任务拓展

请利用 Dreamwear CS6 中 CSS 滤镜效果修饰页面中的图像。

3. 评价总结

考核项目	完成情况		
利用行为或 Javascript 实现图片特效	□优	□良	□未完成
利用 Jquery 实现图片特效	□优	□良	□未完成
阶段任务三总评（百分制）	自评：		师评：

综合练习二

一、选择题

1. 下列选项中不属于 CSS 文本属性的是哪个？（　　　）

    A. font-size   B. text-transform

    C. text-align   D. line-height

2. 下列哪一项是 css 正确的语法构成？（　　　）

    A. body：color = black   B. ｛body；color：black｝

    C. body｛color：black；｝   D. ｛body：color = black（body｝

3. 怎样给所有的 < h1 > 标签添加背景颜色？（　　　）

    A. h1｛background-color：#FFFFFF｝

    B. h1｛background-color：#FFFFFF｝

    C. h1. all｛background-color：#FFFFFF｝

    D. #h1｛background-color：#FFFFFF｝

4. 下列哪个 css 属性可以更改样式表的字体颜色？（　　　）

    A. text-color =   B. fgcolor：

    C. text-color：   D. color：

5. 下列哪个 css 属性可以更改字体大小？（　　　）

    A. text-size   B. font-size

    C. text-style   D. font-style

6. 下列哪段代码能够定义所有 P 标签内文字加粗？（　　　）

    A. < p style = "text-size：bold" >   B. < p style = "font-size：bold" >

    C. p｛text-size：bold｝   D. p｛font-weight：bold｝

7. 如何去掉文本超级链接的下划线？（　　　）

    A. a｛text-decoration：no underline｝

    B. a｛underline：none｝

C. a ｛decoration：no underline｝

D. a ｛text-decoration：none｝

8. 如何设置英文首字母大写？（　　　）

    A. text-transform：uppercase　　　　B. text-transform：capitalize

    C. 样式表做不到　　　　　　　　　　D. text-decoration：none

9. 下列哪个 css 属性能够更改文本字体？（　　　）

    A. f：　　　　　　　　　　　　　　　B. font ＝

    C. font-family：　　　　　　　　　　D. text-decoration：none

10. 下列哪个 css 属性能够设置文本加粗？（　　　）

    A. font-weight：bold　　　　　　　　B. style：bold

    C. font：b　　　　　　　　　　　　　D. font ＝

11. 如何能够定义列表的项目符号为实心矩形？（　　　）

    A. list-type：square　　　　　　　　B. type：2

    C. type：square　　　　　　　　　　D. list-style-type：square

12. 以下有关样式表项的定义中，正确的是（　　　）。

    A. H1 ｛font-family：楷体_gb2312，text-align：center｝

    B. H1 ｛font-family ＝ 楷体_gb2312，text-align ＝ center｝

    C. H1 ｛font-family：楷体_gb2312；text-align：center｝

    D. H1 ｛font-family ＝ 楷体_gb2312；text-align ＝ center｝

13. 如果某样式名称前有一个"."，则这个"."表示（　　　）。

    A. 此样式是一个类样式

    B. 此样式是一个序列样式

    C. 在一个 HTML 文件，只能被调用一次

    D. 一个 HTML 元素中只能被调用二次

14. 使用 CSS 设置格式时，H1 B ｛color：blue｝ 表示（　　　）。

    A. H1 标记符内的 B 元素为蓝色

    B. H1 标记符内的元素为蓝色

    C. B 标记符内的 H1 元素为蓝色

    D. B 标记符内的元素为蓝色

15. 层叠样式表文件的扩展名为（　　　）。

    A. htm   B. lib

    C. css   D. dwt

16. 在以下的 CSS 中，可使所有 ＜ p ＞ 元素变为粗体的正确语法是(　　　)。

    A.　＜ p style = "font − size：bold" ＞

    B.　＜ p style = "text − size：bold" ＞

    C. p ｛font − weight：bold｝

    D. p ｛text − size：bold｝

17. 哪个 CSS 属性可控制文本的尺寸？（　　　）

    A. font − size   B. text − style

    C. font − style   D. text − size

二、综合应用题

1. 看效果，补充代码。

```
< HEAD >
< TITLE >样式规则 </TITLE >
< STYLE type = "text/css" >
          ①
｛ color：red；font − family："隶书"；｝
</STYLE >
</HEAD >
< BODY >
< H2 ②_____ = "red" >静夜思 </H2 >
< P ②_____ = "red" >床前明月光，</P >
< P ②_____ = "red" >疑是地上霜。</P >
< P >我是郭德纲，</P >
< P ②_____ = "red" >低头思故乡。</P >
</BODY >
```

2. 请根据文本框中代码，写出它们分别用了样式表的哪种应用方式，并写出三种应用方式各自的优点。

```
< STYLE type = " text/css" >
P
｛ font - family:"隶书";
    font - size:18px;
    color:#FF0000;
｝
</STYLE >
```

```
< P style   = " color:red;font - size:30px;font - family:
隶书;" >
这个段落应用了样式
< P >
```

```
< HEAD >
< LINK href = " newstyle. css" rel = " stylesheet"  type = " text/css" >
</HEAD >
```

```
< HEAD >
< STYLE TYPE = "  text/css"   >
@ import newstyle. css;
</STYLE >
</HEAD >
```

三、上机操作题

创建站点目录为 mysite，组织好站点内的文件，完成以下页面的制作。

1. 参考以下网页效果，制作一个属于自己的个人网站的首页，文件名为 myweb. html。

要求：

（1）利用表格进行页面布局；

（2）制作漂亮的导航栏；

（3）制作滚动文字或图片效果；

（4）个人图片换成自己的生活照片；

（5）点击"相册"跳转到 fashion. html 页面。

2. 请根据所给的素材，完成"时尚数码技术网页"，文件名为 fashion.html。

要求：

（1）利用表格进行页面布局；

（2）利用 Javascript 或 Jquery 技术实现图像的特效，使页面更生动。

评价反馈表

	考核项目	考核细则		比例	分数
1	学习态度	出勤情况好，无缺勤，无迟到、早退（5分）		15%	
		遵守课堂纪律，有良好的行为习惯（5分）			
		完成任务时积极，小组成员之间主动合作（5分）			
2	能按学习任务要求，完成网站前端设计	阶段任务一		70%	
		阶段任务二			
		阶段任务三			
		平均分			
3	工作页及学习汇报完成情况	能认真完成工作页，文字描述准确，截图清晰（5分）		15%	
		小组汇报时表达准确，语言简练，段落完整（5分）			
		能将该实训所用到的知识点进行总结迁移（5分）			
	合计			100%	
4	创造性学习（附加分）	教师以10分为上限，奖励工作中有突出表现和特色做法的学生，旨在考核学生的创新意识（10分）		10%	
自我评价（收获）					
综合评价（组评）					
教师评语					

说明：

本任务评价反馈的考评材料为：阶段任务网页、工作页。本任务采用过程性评价和结果性评价相结合、定性评价与定量评价相结合的评价方法，全面考核学生的专业能力和关键能力。评价过程可根据不同的任务，使用学生自评、组评和教师评的评价方式。建议学生自评占20%，小组互评占20%，教师评价占60%，教师也可根据实际需要做调整。

学习任务四

布局与美化页面

 学习目标◎

（1）运用表格布局的方法制作网页；

（2）使用框架布局的方法制作网页；

（3）利用 CSS + DIV 布局技术，制作简洁美观的页面；

（4）能根据需要运用有效的布局技术，将自己设计好的网站设计图转化为 HTML 网页。

 内容结构

✳ **建议学时：32 学时**

 任务描述

网页设计是网站建设的重点，如何将文字、图像及各种网页元素合理、

87

恰当地放入网页中是网页设计者需要精通的一门技巧。一个好的网页，除了素材和颜色的搭配之外，如何将其布局得井井有条也是至关重要的。本学习任务主要从网页设计的布局工具着手，对这些工具进行分析，并根据页面设计图的布局特点，有针对性地选择布局方法，完成网页的布局操作。本任务主要包括四个阶段任务：

（1）制作表格类网页；

（2）制作框架类网页；

（3）运用 CSS + DIV 技术布局网页；

（4）制作一个电子商务网站。

阶段任务一：制作表格类网页

（一）任务准备

● 想一想

表格是现代网页制作的一个重要组成部分。表格之所以重要是因为表格可以实现网页的精确排版和定位。参考下图完成填空。

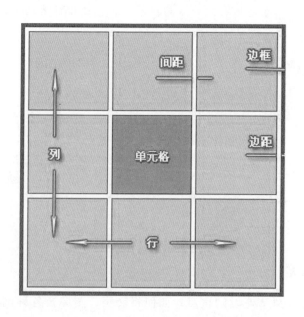

（1）表格横向叫_____，纵向叫_____。

（2）行列交叉部分叫_____。

（3）单元格中的内容和边框之间的距离叫_____。

（4）单元格和单元格之间的距离叫_____。

（5）整张表格的边缘叫_____。

知识小链接

1. 表格的基本标签

表格主要由表格标签＜table＞、行标签＜tr＞和单元格标签＜td＞三个标签构成。其中，表格标签对是＜table＞和＜/table＞，表格的各种属性必须在表格标签内才有效。

基本语法：

```
＜table＞＜! -- 表格开始 -- ＞
＜tr＞＜! -- 第一行开始 -- ＞
＜td＞单元格内容＜/td＞
＜td＞单元格内容＜/td＞
＜/tr＞   ＜! -- 第一行结束 -- ＞
＜tr＞    ＜! -- 第二行开始 -- ＞
＜td＞单元格内容＜/td＞
＜td＞单元格内容＜/td＞
＜/tr＞   ＜! -- 第二行结束 -- ＞
……
＜/table＞＜! -- 表格结束 -- ＞
```

2. 表格属性

与表格相关的属性如表 4-1 所示：

表 4－1　与表格相关的属性

属性	描述说明	语法	示例
border	设置表格边框的粗细	< table border = " 边框宽度" > ... </table >	< table width = "600px" height = "200px" border = "2" > ... </table >
width	设置表格的宽度	< table width = " 表格宽度" > ... </table >	
height	设置表格的高度	< table height = " 表格高度" > ... </table >	
bordercolor	设置表格边框颜色	< table border = " 边框宽度" bordercolor = " 边框颜色" > ... </table > 注意:设置表格边框颜色时,表格边框宽度不能为 0	< table width = "600px" height = "200px" border = "2" bordercolor = " #FF0000" bordercolordark = " #00FF00" bordercolorlight = " #FFFF00" > ... </table > 注意:bordercolor 与 bordercolorlight 及 bordercolordark 同时使用时,bordercolor 不起作用
bordercolorlight	设置表格亮边框颜色	< table border = " 边框宽度" bordercolorlight = "亮边框颜色" > ... </table >	
bordercolordark	设置表格暗边框颜色	< table border = " 边框宽度" bordercolordark = "暗边框颜色" > ... </table >	
align	设置表格水平对齐方式	< table align = " 水平对齐方式" > ... </table > 说明:对齐方式有三种,分别为:left, center, right	< table width = "600px" height = "200px" border = "2" align = " center" bgcolor = " #FF00FF" > ... </table >
bgcolor	设置表格背景颜色	< table bgcolor = " 背景颜色" > ... </table >	

（续上表）

属性	描述说明	语法	示例
background	设置表格背景图片	< table background = "背景图像地址" > … </table >	< table width = "600px" height = "200px" border = "2" background = "images/bg. JPG" cellspacing = "5px" cellpadding = "10px" > … </table >
cellspacing	设置单元格间距	< table cellspacing = "单元格边框宽度值" > … </table >	
cellpadding	设置单元格边距	< table cellpadding = "单元格内容与边框间距值" > … </table >	

3. 单元格属性

与单元格相关的属性如表4－2所示：

表4－2　与单元格相关的属性

属性	描述说明	语法
width	设置单元格的宽度	< td width = "单元格宽度" > </td >
height	设置单元格的高度	< td height = "单元格高度" > </td >
bordercolor	设置单元格边框颜色	< table border = "边框宽度" > … < td bordercolor = "单元格边框颜色" > </td > … </table >
bordercolorlight	设置单元格亮边框颜色	< table border = "边框宽度" > … < td bordercolorlight = "单元格亮边框颜色" > </td > … </table >
bordercolordark	设置单元格暗边框颜色	< table border = "边框宽度" > … < td bordercolordark = "单元格暗边框颜色" > </td > … </table >
align	设置单元格水平方向对齐方式	< td align = "水平对齐方式" > … </td > 说明：水平对齐方式有三种，分别为：left, center, right
valign	设置单元格垂直方向对齐方式	< td valign = "垂直对齐方式" > … </td > 说明：垂直对齐方式有三种，分别为：top, middle, bottom

（续上表）

属性	描述说明	语法
bgcolor	设置单元格背景颜色	< td bgcolor = " 背景颜色" > ... </ td >
background	设置单元格背景图片	< td background = " 背景图像地址" > ... </ td >
colspan	单元格跨列属性	< td colspan = " 跨列数" > ... </ td >
rowspan	单元格跨行属性	< td rowspan = " 跨行数" > ... </ td >

示例：

```
< table width = "400px" height = "200px" border = "2"  >
< tr >
< td width = "200" height = "100" valign = "top" bgcolor = "#FF0000" >  </ td >
< td width = "200" rowspan = "2" align = " center" background = " images/bg. JPG" bordercolor
= "#00FF00" >  </ td >
</ tr >
< tr >
< td height = "50" bordercolordark = "#FFFF00" bordercolorlight = "#0000FF" > 
</ td >
<! --跨行,少定义相应的单元格-- >
</ tr >
< tr >
< td colspan = "2" >  </ td >
<! --跨列,少定义一个的单元格-- >
</ tr >
</ table >
```

特别说明：

（1）设置单元格 bordercolor、bordercolorlight 和 bordercolordark 属性时，在空单元格中添加一个空格占位符 ，边框显示效果才会出来。

（2）如果创建跨越两行的单元格（即 rowspan = "2"），那么在下一行中就不用定义相应的单元格。

（3）如果在一行中创建跨越两列的单元格（即 colspan = "2"），那么在该行中就应该少定义一个单元格。

• 做一做

请同学查阅表格创建与属性设置方法，完成以下效果，并将代码截图。

课程表

节次	星期一	星期二	星期三	星期四	星期五
第 12 节	体育	大学英语	高等数学	数据结构	Web 开发
第 34 节	大学英语	高等数学	数据结构		Web 开发实验
适用时间：2008—2009 第一学期 083007 班					

思考：若要在一张大表中嵌入两个班的课程表，应怎样操作？请完成。

课程表

	节次	星期一	星期二	星期三	星期四	星期五
083007 班	第 12 节	体育	大学英语	高等数学	数据结构	Web 开发
	第 34 节	大学英语	高等数学	数据结构	数据结构实验	Web 开发实验
083008 班	节次	星期一	星期二	星期三	星期四	星期五
	第 12 节	体育	大学英语	高等数学	数据结构	Web 开发
	第 34 节	大学英语	高等数学	数据结构	数据结构实验	Web 开发实验

知识小链接

表格嵌套就是根据插入元素的需要，在一个表格的某个单元格里插入一个若干行和列的表格。

示例：

```
< table width = "400" border = "0" cellspacing = "0" cellpadding = "0" >
  < tr >
     < td height = "67" > <! —— 此处嵌套了一个一行一列的表格 —— >
     < table width = "400" border = "0" cellspacing = "0" cellpadding = "0" >
     <! —— 嵌套表格开始 —— >
        < tr >
```

```
    < td >   < /td >
      < /tr >          < tr >
        < td >   < /td >
      < /tr >
  < /table >
    < ! --嵌套表格结束-- >
    < /td >
  < /tr >
  < tr >
    < td height = "71" >   < /td >
  < /tr >
< /table >
```

特别说明:

创建表格嵌套很容易出错,最好的办法是先创建外围的表格,再在合适的单元格内插入已经调好效果的表格。

(二)任务实施

利用表格排版的方法,制作产品介绍页面,效果如下图所示,完成后请将代码截图。

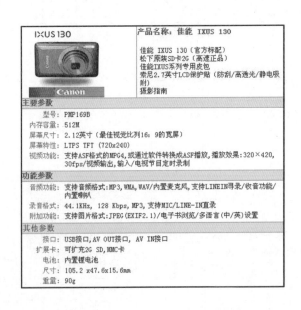

（三）任务反馈

1. 成果提交

页面效果					

课程表

节次	星期一	星期二	星期三	星期四	星期五
第 12 节	体育	大学英语	高等数学	数据结构	Web 开发
第 34 节	大学英语	高等数学	数据结构		Web 开发实验
适用时间：2008—2009 第一学期 083007 班					

操作要点

主要代码截图

		页面效果				

课程表

	节次	星期一	星期二	星期三	星期四	星期五
083007 班	第 12 节	体育	大学英语	高等数学	数据结构	Web 开发
	第 34 节	大学英语	高等数学	数据结构	数据结构实验	Web 开发实验
083008 班	节次	星期一	星期二	星期三	星期四	星期五
	第 12 节	体育	大学英语	高等数学	数据结构	Web 开发
	第 34 节	大学英语	高等数学	数据结构	数据结构实验	Web 开发实验

操作要点

主要代码截图

页面效果

产品名称： 佳能 IXUS 130

佳能 IXUS 130（官方标配）
松下原装SD卡2G（高速正品）
佳能IXUS系列专用皮包
索尼2.7英寸LCD保护贴（防刮/高透光/静电吸附）
摄影指南

主要参数

型号：PMP169B
内存容量：512M
屏幕尺寸：2.12英寸（最佳视觉比列16：9的宽屏）
屏幕特性：LTPS TFT（720x240）
视频功能：支持ASF格式的MPG4，或通过软件转换成ASF播放，播放效果：320×420，30fps/视频输出，输入/电视节目定时录制

功能参数

音频功能：支持音频格式：MP3，WMA，WAV/内置麦克风，支持LINEIN寻录/收音功能/内置喇叭
录音格式：44.1KHz，128 Kbps，MP3，支持MIC/LINE-IN直录
附加功能：支持图片格式：JPEG(EXIF2.1)/电子书浏览/多语言(中/英)设置

其他参数

接口：USB接口，AV OUT接口，AV IN接口
扩展卡：可扩充2G SD，MMC卡
电池：内置锂电池
尺寸：105.2 x47.6x15.6mm
重量：90g

操作要点

主要代码截图

2. 评价总结

考核项目	完成情况		
正确创建简单课程表格，并修改表格属性	□优	□良	□未完成
运用表格嵌套的方法完成两个班的课程表	□优	□良	□未完成
利用表格排版的方法制作产品介绍页面	□优	□良	□未完成
阶段任务一总评（百分制）	自评：		师评：

阶段任务二：制作框架类网页

（一）任务准备

● 想一想

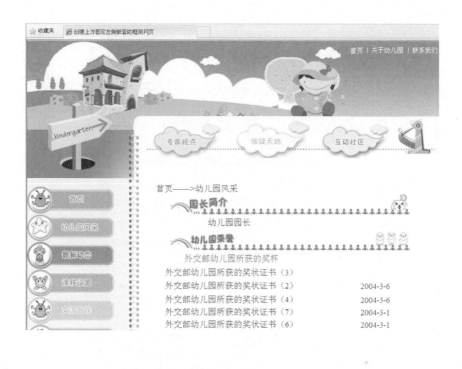

（1）试分析以上两个网页的共同点？

答：_____

_____

_____

（2）以上两个网页属于_____网页布局结构。

    A. 回字型   B. 国字型

    C. 厂字型   D. 川字型

（3）框架的基本结构主要分为_____和_____两部分。它是利用_____标记和_____ 标记来定义的。

（4）以下网页有_____个框架集，_____个框架，共_____个网页。

（5）根据框架网页的创建方法，给以下步骤排序：

（　　）若保存框架文件，可将光标插入点的位置定在框架内，然后选择菜单栏中"文件"──"保存框架或框架另存为"选项。

（　　）在"新建文档"对话框中，选择"框架集"类别，通过"框架集"列表选择框架集类型，单击"创建"。

（　　）若要保存框架集文件，请选择"文件"──"保存框架页"。

（　　）选择"文件"──"新建"。

（6）修改属性，实现框架、框架集的样式变化，并完成以下的连线题。

①修改框架集样式：

窗口的水平分割	frameborder = "0" 或 "1"
窗口的垂直分割	border = "n"
控制分割窗口框架的边框宽度	rows 属性
控制窗口框架是否显示边框	cols 属性

②修改框架样式：

指定窗口显示网页	marginwidth = "value" marginheight = "value"
控制子窗口滚动条	scrolling = "yes 或 no 或 auto"
调整子窗口的边距	src = "html 文件的位置"
定义子窗口名称	name = "子窗口名称"

- 做一做

使用框架布局的方法设计一个厂字型布局，实现一个如下图所示的新闻管理系统。

（二）任务实施

请使用框架方法设计厂字型的布局，实现班级网站后台维护系统，效果如下表所示。

页面	操作要点
manage. html	（1）厂字型框架 （2）页面宽度100% 截图 
top. html	操作要点 （1）页面属性：左边距，上边距为0 （2）页面宽度100% 截图 班级网站后台维护系统

（续上表）

	操作要点
	（1）菜单链接为对应页面名称，如新闻管理：news. html；相册管理：photo. html；留言管理：liuyan. html；在线调查：research. html；目标：main. html （2）菜单的左边距为两个字符 （3）页面宽度100%
left. html	**截图**
	操作要点
	（1）字体为1号标题，水平，垂直居中对齐 （2）页面宽度100%
main. html	**截图**

news. html	操作要点
	（1）"新闻管理"为2号标题，水平居左对齐 （2）"修改"、"删除"为空链接
	截图
	新闻管理 _（新闻管理表格截图）_

新闻管理

ID	文章名称	添加日期	操作
01	最新课程表	2008-09-20	修改 删除
02			
03			
04			
05			

photo. html	操作要点
	（1）横向菜单：无序列表完成，建议使用 CSS 样式 （2）相片效果：每幅图片：宽：68px，高：54px；边框：0px；单击图片可以查看原图效果，目标：_ blank （3）解释文本（从左至右）：海底、花园、雪域、菠萝、花朵、波浪、别墅、草坪、沙漠、海港、原野、大道
	截图

海底　花园　雪域　菠萝

花朵　波浪　别墅　草坪

沙漠　海港　原野　大道

页面效果图

（续上表）

```
<style type="text/css">
 li{
display:inline;font-size:12px;color:#ff1133;float:left;
}
</style>
```

	操作要点
	老师提供页面文件
	截图
liuyan. html	

（续上表）

操作要点
老师提供页面文件
截图
research. html

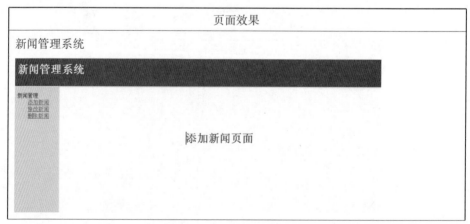

（三）任务反馈

1. 成果提交

页面效果
新闻管理系统

（续上表）

操作要点

主要代码截图

页面效果

班级网站后台维护系统

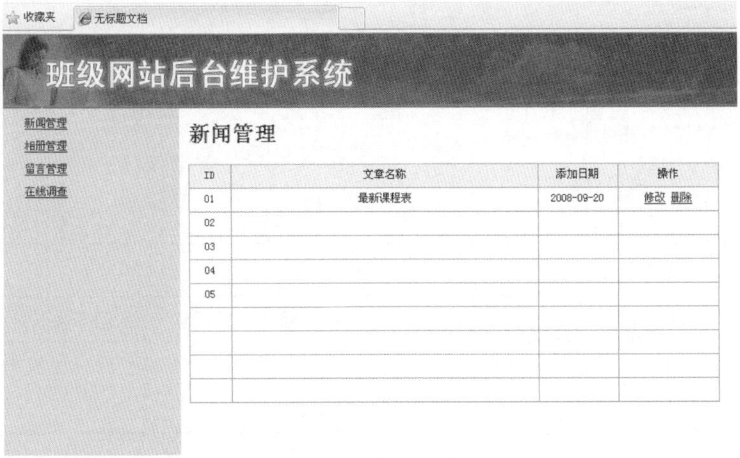

（续上表）

操作要点
主要代码截图

2. 评价总结

考核项目	完成情况		
利用框架技术实现新闻管理系统	□优	□良	□未完成
利用框架技术实现班级网站后台维护系统	□优	□良	□未完成
阶段任务二总评（百分制）	自评：		师评：

网页前端脚本制作

阶段任务三：运用 CSS + DIV 技术布局网页

（一）任务准备

● 想一想

1. 给网页添加 CSS

（1）创建外部样式表：

（2）CSS 样式编写：

编写 CSS 样式实现美化网页的效果，要求：

①背景颜色：#AA8D80；背景图片：6301．JPG，不重复；背景图像位置：顶部居中。

②字体：Arial，Helvetica，sans-serif；加粗；颜色：#900。

③超级链接基本状态：颜色：#900，无下划线；over 状态：颜色：#AA8D80，有下划线。

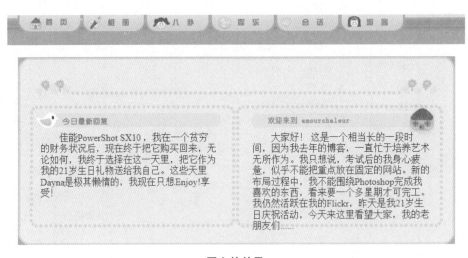

原文件效果

应用 CSS 样式后效果

2. DIV 定位基础

（1）盒子模型的组成部分。

一个盒子模型是由＿＿＿＿＿＿、＿＿＿＿＿、＿＿＿＿＿和＿＿＿＿四个部分组成。根据下图图示，将说明文字填写到对应的位置。

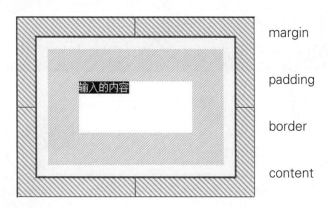

（2）计算元素的总宽度。

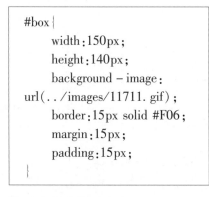

该元素所占的总宽度 = ＿＿＿＿＿＿＿＿＿＿＿＿＿＿＿＿＿＿＿＿＿＿＿

结论：一个元素实际宽度的计算公式为＿＿＿＿＿＿＿＿＿＿＿＿＿＿＿＿＿＿

重点提示：CSS 内定义的宽（width）和高（height）指的是填充以内的内容范围。

3. 应用盒模型进行页面排版

（1）将页面用 DIV 分块。

分析如下网页的布局，利用画图工具，画出其布局草图。

↓

（2）要实现如下图所示的布局关系，应该怎样做？请写出相应的 DIV 定义。

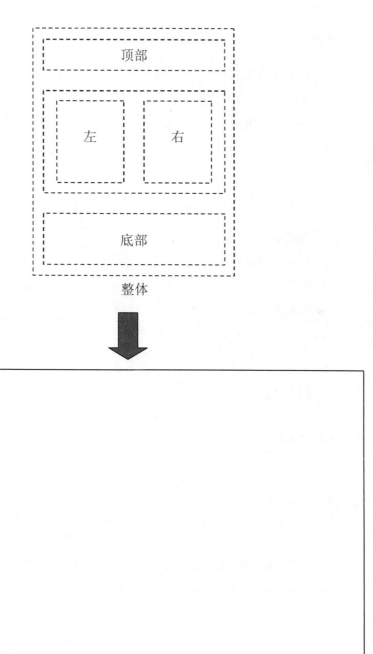

（3）利用 CSS 定位。

①整体 DIV。

```
#container {
border：1px solid #CC00FF；
width：800px；
}
```

②顶部 DIV。

```
#banner {
border：1px solid #FFCC00；
padding：10px；
background - color：#a2d9ff
}
```

③中间 DIV。

●浮动定位。见下表。

表4－3　浮动定位的属性

属性	描述	可用值	注释
float	用于设置对象是否浮动显示，以及设置具体浮动的方式	none	不浮动
		left	左浮动
		right	右浮动

现有如下的代码和显示效果：

```
#box {
      width: 750px;
}
#contant {
   margin - top: 10px;
   border: 1px solid #009933;
   float: left;
   width: 550px;
   height: 300px
}
#links {
   margin - top: 10px;
   width: 170px;
   height: 300px;
   border: 1px solid #FF0066;
   float: right
}
```

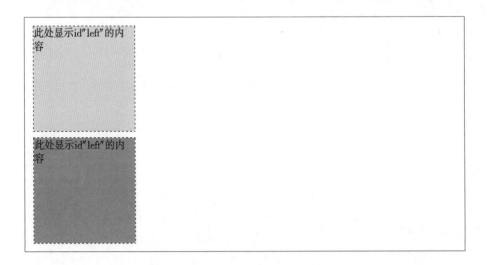

如果想实现 left 和 right 并列显示，应该如何修改代码？请将你的代码页和显示效果页截图。

●拓展：居中布局方式

通过定义 DIV 的宽度，然后将水平空白外边距设置为 auto，即可实现容器 DIV 在屏幕上水平居中。请按此思路，编写 CSS 样式，实现如下图效果，并填写相关代码。

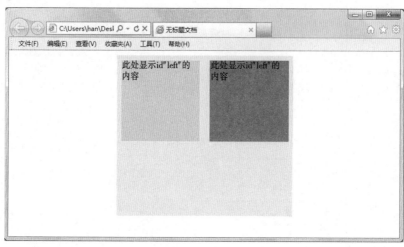

实现容器居中的代码如下：

④底部 DIV

```
#footer {

    margin – top：10px；

    padding：10px；

    border：1px solid #996600；

    clear：both；

    }
```

（二）任务实施

（1）分析以下效果图的网页布局，利用画图工具，画出其布局草图。

（2）根据设计好的布局草图，运用 CSS + DIV 技术完成金朝阳公司网站首页布局。

（三）任务反馈

1. 成果提交

页面效果
公司网站首页 Index. html
操作要点

主要代码截图

2. 评价总结

考核项目	完成情况		
正确分析网页布局，画出设计草图	□优	□良	□未完成
运用 CSS + DIV 技术完成金朝阳公司网站首页布局	□优	□良	□未完成
阶段任务三总评（百分制）	自评：	师评：	

阶段任务四：制作一个电子商务网站

（一）任务准备

● 想一想

常用网页布局方法的比较：

网页布局方法	应用的灵活性	布局的重构性	网页浏览速度
表格			
框架			
CSS + DIV			

（二）任务实施

根据需要，使用最优的布局方法，将已设计好的电子商务网站设计图转化为 HTML 网页。

（三）任务反馈

1. 成果提交

页面效果或要求	操作要点	效果截图
电子商务网站首页 index. html		

（续上表）

页面效果或要求	操作要点	效果截图
电子商务网站栏目页面		
电子商务网站详细页面		

2. 评价总结

考核项目	完成情况		
完成电子商务网站首页	□优	□良	□未完成
完成电子商务网站栏目页面	□优	□良	□未完成
完成电子商务网站详细页面	□优	□良	□未完成
阶段任务四总评（百分制）	自评：		师评：

评价反馈表

	考核项目	考核细则		比例	分数
1	学习态度	出勤情况好，无缺勤，无迟到、早退（5分）		15%	
		遵守课堂纪律，有良好的行为习惯（5分）			
		完成任务时积极，小组成员之间主动合作（5分）			
2	能按学习任务要求，完成网站前端设计	阶段任务一		70%	
		阶段任务二			
		阶段任务三			
		阶段任务四			
		平均分			
3	工作页及学习汇报完成情况	能认真完成工作页，文字描述准确，截图清晰（5分）		15%	
		小组汇报时表达准确，语言简练，段落完整（5分）			
		能将该实训所用到的知识点进行总结迁移（5分）			
	合计			100%	
4	创造性学习（附加分）	教师以10分为上限，奖励工作中有突出表现和特色做法的学生，旨在考核学生的创新意识（10分）		10%	
	自我评价（收获）				
	综合评价（组评）				
	教师评语				

说明：

本任务评价反馈的考评材料为：阶段任务网页、工作页。本任务采用过程性评价和结果性评价相结合、定性评价与定量评价相结合的评价方法，全面考核学生的专业能力和关键能力。评价过程可根据不同的任务，使用学生自评、组评和教师评的评价方式。建议学生自评占20%，小组互评占20%，教师评价占60%，教师也可根据实际需要做调整。

学习任务五

为网页添加交互功能

 学习目标◎

（1）了解 Javascript 的作用和基本语法；

（2）学会简单的事件编程；

（3）掌握基本的程序设计方法及函数调用方法；

（4）灵活应用 Jquery 的动画效果；

（5）正确运用 Spry 控件和行为效果。

 内容结构

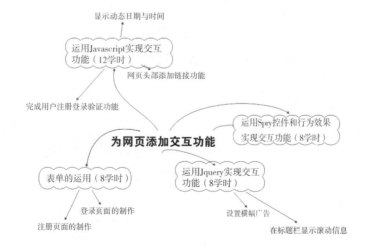

建议学时：36 学时

 任务描述

具有交互性的动态网页能丰富网站的功能和视觉体验，增加用户和 web 站点之间的交互。本任务要求学生能正确嵌入简单的 Javascript 代码，或使用 Jquery 代码实现网页特效，加强网页的交互功能。本任务主要包括三个阶段任务：

（1）制作会员注册登录页面；

（2）运用 Javascript/Jquery 实现交互功能；

（3）运用 Spry 控件和行为效果实现交互功能。

阶段任务一：制作会员注册登录页面

（一）任务准备

表单在网页中的作用不可小视，它主要负责数据采集的功能，比如可以采集访问者的名字、E-mail 地址、电话、意见、留言等。

一个表单有三个基本组成部分：

（1）表单标签：这里面包含了处理表单数据所用 CGI 程序的 URL 以及数据提交到服务器的方法。表单的标记是_____；name 用于指定表单的_____，action 用于指定表单提交后，对表单处理的_____；method 是发送表单信息的方式，主要有两种，即_____和_____。

（2）如果发送机密信息，应采用_____方式进行发送表单信息，因为_____。

（3）表单域：包含了文本框、密码框、隐藏域、多行文本框、复选框、单选框、下拉选择框和文件上传框等。

（4）表单按钮：包括提交按钮、复位按钮和一般按钮。它用于将数据传送到服务器上的 CGI 脚本或者取消输入，还可以用表单按钮来控制其他定义了处理脚本的工作。

（二）任务实施

（1）为电子商务网站制作会员注册、登录页面。

（2）修改会员注册、登录页面样式，使它们与网站风格一致。

（三）任务反馈

1. 成果提交

建议效果
会员注册页面 reg. html 参考效果 用户注册 **用户注册** 您的电子邮箱不会被公布出去，但是必须填写，在你注册之前请先认真阅读服务条款 用户名 ＿＿＿＿＿＿＿ *(最多30个字符) 电子邮箱 ＿＿＿＿＿＿＿ * 密码 ＿＿＿＿＿ *(最多15个字符) 重复密码 ＿＿＿＿＿ *(最多15个字符) 性别 ○ 男 ○ 女 知道本网站的途径： □ 报纸 □ 电视 □ 网络 头像图像： ＿＿＿＿＿＿ [浏览...] 你对本网站的感觉： [非常好 ▼] 其他说明 ＿＿＿＿＿＿＿＿＿ 同意服务条款 □ 先看看条款? * [提交] [重置] *在提交您的信息时，我们认为您已经同意了我们的服务条款。 *这些条款可能在未经您同意的时候修改。
操作要点

126

（续上表）

建议效果
会员登录页面 login. html 参考效果 **登录名：**　　　　手机动态密码登录 手机号/会员名/邮箱 **登录密码：**　　　　忘记登录密码？ □ 安全控件登录 **登　录** ● 微博登录 ｜ 支 支付宝登录　　　免费注册
操作要点

2. 评价总结

考核项目	完成情况		
完成会员注册页面 reg. html 的制作	□优	□良	□未完成
完成会员登录页面 login. html 的制作	□优	□良	□未完成
阶段任务一总评（百分制）	自评：		师评：

阶段任务二：运用 Javascript/Jquery 实现交互功能

（一）任务准备

1. Javascript 语法基础

● 做一做

请同学们按要求编写程序 5 – 1. html、5 – 2. html。

```html
<! --程序 5 –2 –1 -- >
<html>
<title>这是我的第一个 Javascript 程序</title>
    <body>
    <script type = "text/javascript" >
    document. write("欢迎进入 Javascript 学习之旅!");
    </script>
    </body>
    </html>

<! --程序 5 –2 –2 -- >
<html>
<head>
    <title>这是我的第一个 Javascript 程序</title>
        <script type = "text/javascript" >
        function show( ) {
            alert("欢迎进入 Javascript 学习之旅!");
}
    </script>
</head>
<body onload = "show( )" >
</body>
</html>
```

● 想一想

完成以上网页后，认真阅读课本，思考并回答以下问题。

（1）Javascript 程序本身不能_____存在，需依附于某个 HTML 页面，在_____运行。

（2）Javascript 脚本程序通过什么标记说明？请写出来。

_____

（3）Javascript 程序可以放在 HTML 中任何位置，主要有（　　　　）。

A. 放在 body 中　　　　　　　B. 放在 head 中

C. 放于事件处理部分的代码中　　D. 放在网页之外

2. Javascript 程序

● 做一做

请按要求编写程序 5 - 3. html：根据点击任一单元格的颜色来改变背景色。

```
<html >
<head >
<script type = "text/javascript" >
/ * 参数:color 表格新的背景色
* 描述:改变表格的背景颜色
*/
function changeColor( color) {
var table = document. getElementById( "colorTable" ) ;
table. bgColor = color;
}
</script >
<title >函数的例子 </title >
</head >
<body >
选取颜色:
<table border = 1 > <tr height = "24" >
<td bgcolor = "red" width = "24" onclick = "changeColor( ´red´)" > </td >
<td bgcolor = "orange" width = "24" onclick = "changeColor( ´orange´)" > </td >
<td bgcolor = "yellow" width = "24" onclick = "changeColor( ´yellow´)" > </td >
```

```
< td bgcolor = " green" width = "24" onclick = "changeColor(ˊgreenˊ)" > </td >
< td bgcolor = " black" width = "24" onclick = "changeColor(ˊblackˊ)" > </td >
< td bgcolor = " blue" width = "24" onclick = "changeColor(ˊblueˊ)" > </td >
< td bgcolor = " purple" width = "24" onclick = "changeColor(ˊpurpleˊ)" > </
td >
</tr > </table >
< table id = " colorTable" border = 1 height = "168" width = "168" > < tr > < td
> </td > </tr > </table >
</body >
</html >
```

效果图如下：

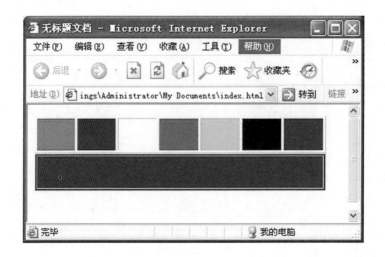

● 想一想

完成以上网页后，请认真阅读课本，思考并回答以下问题。

（1）_____符号是 Javascript 语句结束符，语句块用_____括起来，变量以_____开头，变量_____大小写。

（2）如何声明变量？如果要将 mystring 声明为整型，并赋初值 0，应如何写？

_____

（3）如何声明函数？请写出来。

130

（4）调用函数、函数名必须加上＿＿＿＿＿才可以调用。如果有参数，则要保证实参的参数的类型、＿＿＿＿＿与形式参数一致。

（5）单行注释以＿＿＿＿＿开始，多行以＿＿＿＿＿开始，＿＿＿＿＿结束。

- 拓展

如果想鼠标移过颜色块时，表格背景色自动随之改变，应如何修改网页？

- 做一做

请按要求编写程序，用于显示当前的时间。

```
< html >
< head >
< title > if 程序演示 </title >
</head >
< body >
  < script type = "text/javascript" >
  var d = new Date( );
  var time = d. getHours( );
  if ( time < 10 ) {
    document. write( " < b >Good morning </b >" );
    } else {
        document. write( " < b >Good afternoon </b >" );
  }
  document. write( " < br >" );
  document. write( "现在时间是:" + d. toLocaleString( ) );
  </ script >
</body >
</html >
```

131

● 想一想

完成以上网页后,请认真阅读课本,思考并回答以下问题。

(1)日期时间对象是＿＿＿＿＿＿＿＿＿＿＿＿＿＿＿＿＿＿＿＿＿。

(2)任何算法都可以由顺序、＿＿＿＿＿＿＿＿、＿＿＿＿＿＿＿＿三种结构组成。

(3)分支程序的基本语法是什么?

＿＿＿＿＿＿＿＿＿＿＿＿＿＿＿＿＿＿＿＿＿＿＿＿＿＿＿＿＿＿＿

(4)若要把以上题目改为:根据时间,效果如图所示,显示"早上好"、"下午好"和"晚上好",应该采用什么程序结构? 请写出来。

● 做一做

请按要求编写程序,演示鼠标事件的简单应用。

```html
< html >
< html >
< head >
< script type = " text/javascript" >
  function mouseOver( ) {
      document. mouse. src  = " gif/mouse_over. JPG"
      }
    function mouseOut( ) {
        document. mouse. src  = " gif/mouse_out. JPG"
      }
  function mousePressd( ){
      if ( event. button = =2) {
        alert( "您点击了鼠标右键!")
```

```
}else{
            alert("您点击了鼠标左键!")
    }
}
</script>
</head>
<body onmousedown = "mousePressd( )" >
    <img border = "0"  src = "gif/mouse_out. JPG"  name = "mouse"
        onmouseover = "mouseOver( )"  onmouseout = "mouseOut( )" / >
</body>
</html>
```

● 想一想

（1）事件是可以被浏览器侦测到的_____，HTML 对一些页面规定了可以_____的事件。

（2）常见的事件根据其触发的来源不同，可以分为_____、_____、_____三种。

（3）以上程序应用了鼠标的哪几个事件？

_____

_____

（二）任务实施

使用 Javascript 或 Jquery 效果和插件，完善并修改电子商务网站，使网站更生动、美观。请将修改后的效果图、代码截图。

（三）任务反馈

1. 成果提交

建议	修改后的效果图	主要代码截图
网站头部显示当前的日期，包括年、月、日，星期、时间		
网站首页头部设置有链接：分别设为首页、加入收藏夹的效果		
网站首页横幅广告为自动切换图片效果		

（续上表）

建议	修改后的效果图	主要代码截图
完成用户注册登录验证功能 注册页面要求： （1）用户名、密码、确认密码、E-mail 为必填项 （2）用户名：必须以字母或下划线开头，大于 3 个字符 （3）密码：长度为 6 ~ 12 个字符，数字和字母同时存在，强度为高 （4）确认密码：必须和密码一致 （5）E-mail：必须包含"@"和"."，这两个符号的位置不能在首和尾，也不能连在一起 （6）所有要求符合后，"注册"按钮才会激活 登录页面要求： （1）用户名：不为空，首字符必须是英文，不允许有特殊字符 （2）密码：不为空 （3）验证码：不为空		
在标题栏显示滚动信息		

2. 评价总结

考核项目	完成情况		
当前日期按要求格式显示	□优	□良	□未完成
完成设为首页、加入收藏夹的链接功能	□优	□良	□未完成
完成首页横幅广告为自动切换图片效果	□优	□良	□未完成
完成用户注册、登录验证功能	□优	□良	□未完成
在标题栏显示滚动信息	□优	□良	□未完成
阶段任务二总评（百分制）	自评：		师评：

阶段任务三：运用 Spry 控件和行为效果

（一）任务准备

1. Spry 框架

Spry 框架是一个 Javascript 库，Web 设计人员使用它可以构建能够向站点访问者提供更丰富体验的 Web 页。有了 Spry，就可以使用 HTML、CSS 和极少量的 Javascript 将 XML 数据合并到 HTML 文档中，创建构件（如折叠构件、菜单栏和 Spry 选项卡式面板等），向各种页面元素中添加不同种类的效果。

• 做一做

在网页中制作选项卡式面板，并在面板内填充内容，效果如图所示：

返回首页　流氓兔子　外国影视　大富翁　世界杯

分类导航 □ ×

边缘地带　　社团推荐　　读书在线

山水风景

电脑游戏

明星壁纸

SKIN皮肤

世界名车

卡通壁纸

壁纸精选

其他壁纸

很多个夜里都会做很甜的梦，梦到一个很高的男孩子，无论我在怎样的情况下出现，他都能跳出来为我排忧解难。我看不清他的样子，或者看见过，可是他只在梦里被我记得，就如同我所有的甜蜜也只能在梦里。

我总觉得距离小树和老大他们越来越远，我明白志趣相投的道理，小树渐渐有了自己的生活，偏离了曾经的生活轨道。他们似乎完成了我想要做的事情，而我也不再是原来的那个我，莫幕多么这个名字在许多地方开始形同虚设，也许记得的只是一个模糊的轮廓，以及曾经那些不疼不痒的往事，或者只是微微皱眉，粗略地翻开记忆的本子想看，只是在某一个地方一闪而过的名字，甚至都来不及记载。那些与我暧昧甚至说得出爱这个字的男孩子应该也不过是牵着别人的手说，哦，那个女孩儿，我记得。我也只是记得而已。终归不会在谁的生命中留下什么，如流水，流过的小溪不过是自然而然的经过，不是归宿。我于旁人而言是路人，旁人于我而言也不过是过客。

本该是以一种清新寡淡、闲静自然的心态去面对生活，可是仿佛这样的心境不属于这个年龄，我如今就应该激烈、火热、冲动、轻狂。可是我在想，假如我自这样的年纪就做到了超脱自然的心理状态，那是一种收获还是一种或缺？终于，我明白了万事无法十全。我们忙立矛盾之中，左岸右岸的尴尬张望，不知道哪一边才是通向幸福的地点，我们手上的地址永远是模糊不清的，像那梦里的男子，一切幸福的指向以及满足的安慰，都是我们可望不可即的。

全世界都那么脏，我们有什么权力说悲伤。林夕为了歌词押韵，放弃了这么经典的排序，我厚颜无耻地拿来重新组合成了这句话。只因为某一刻它拨动了我的心弦，一件事情真的感动了你，其实是没有语言或者表情的，有的只是一刹那的失控或空白。

我写的到底是什么呢？每一个自然段都可以被分成一个小节，我无法做一个标记，那样散乱更加无所遁形，无法让者的认同并且明晰。也许只是一场漫无目的地畅游，那酣畅淋漓冷暖自知，这似是而非，心不在焉，自说自话的状态不求任何人明白，只是我目以为是地以为，我的迷茫以及无奈己经毫不保留地放在字里行间，那个懂得我的人并没有出现，也许曾经有过，可是我们失散，不在车水马龙里，不在万人空巷中，只在峰隙之间，留几一个世纪的时间分道扬镳，却没有哪怕一刹那的回望。

● 想一想

完成以上网页后，请认真思考，回答以下问题。

（1）如何插入 Spry 选项卡式面板？

_____

（2）如何修改项目标题的显示位置？如何设置选项卡面板的宽、高？

_____

（3）由于插入的卡式面板是_____（DIV，表格）形式，所以默认状态下_____（浮动，固定）在其他对象上并_____（靠左，居中）显示。要改变显示的文字，可以在_____（DIV，表格）的属性中设置，属性设置可以在_____（属性面板，DIV）上设置，也可以在_____（SpryTabbedPanels. css，SpryTabbedPanels. js）中设置。

（4）如何增加面板上显示的项目？

_____

_____

● 做一做

利用折叠式面板制作网页内容显示区，效果如图所示：

● 拓展

更改 Spry 控件的外观，将标题的背景颜色换成浅黄色，应如何操作？

2. Spry 行为效果

Spry 行为效果是利用 Spry 框架为 HTML 元素添加的特殊效果。Spry 行为效果包括放大、收缩、渐隐、高亮显示元素等。

● 做一做

利用 Spry 效果实现如图所示简单的晃动效果。

（二）任务实施

（1）利用 Spry 控件为电子商务网站详细页添加选项卡式面板或可折叠式面板元素，注意修改这些元素的样式，使其风格与页面风格统一。

（2）利用 Spry 效果实现一个具有动态效果的相册。（提示：为取得较好的效果，可将效果的持续时间缩小到 100ms 以下）

（三）任务反馈

1. 成果提交

要求	修改后的效果图	主要操作步骤
为电子商务网站详细页添加与页面风格统一的 Spry 控件		
利用 Spry 效果实现一个具有动态效果的相册		

2. 评价总结

考核项目	完成情况		
为电子商务网站详细页添加与页面风格统一的 Spry 控件	□优	□良	□未完成
实现一个具有动态效果的相册	□优	□良	□未完成
阶段任务三总评（百分制）	自评：		师评：

综合练习三

一、单选题

1. 下列关于 Javascript 的说法错误的是（　　　）。
   A. 是一种脚本编写语言　　　　　B. 是面向结构的
   C. 具有安全性能　　　　　　　　D. 是基于对象的

2. 可以在下列哪个 HTML 元素中放置 Javascript 代码？（　　　）
   A. ＜script＞　　　　　　　　　B. ＜javascript＞
   C. ＜js＞　　　　　　　　　　　D. ＜scripting＞

3. 向页面输出"Hello World"的正确 Javascript 语法是（　　　）。
   A. document. write（"Hello World"）　　B. "Hello World"
   C. response. write（"Hello World"）　　D.（"Hello World"）

4. 引用名为"abc. js"的外部脚本的正确语法是（　　　）。
   A. ＜script src = "abc. js"＞　　　　B. ＜script href = "abc. js"＞
   C. ＜script name = "abc. js"＞

5. 外部脚本文件中必须包含＜script＞标签吗？（　　　）
   A. 是　　　　　　　　　　　　　B. 否

6. 如何在警告框中写入"Hello World"？（　　　）
   A. alertBox = "Hello World"　　　　B. msgBox（"Hello World"）
   C. alert（"Hello World"）　　　　　D. alertBox（"Hello World"）

7. 如何声明一个名为 myFunction 的函数？（　　　）
   A. function：myFunction（）　　　　B. function myFunction（）
   C. function = myFunction（）

8. 如何调用名为 myFunction 的函数？（　　　）
   A. call function myFunction　　　　　B. call myFunction（）
   C. myFunction（）

9. CSS 文件的扩展名为（　　　）。
   A. . txt　　　　B. . htm　　　　C. . css　　　　D. . html

10. 如何显示这样一个边框：顶边框 10 像素、底边框 5 像素、左边框 20

像素、右边框 1 像素（　　　）。

A. border-width：10 px 1 px 5 px 20 px

B. border-width：10 px 20 px 5 px 1 px

C. border-width：5 px 20 px 10 px 1 px

D. border-width：10 px 5 px 20 px 1 px

11. 下列哪个选项的 CSS 语法是正确的？（　　　）

A. body：color = black

B. ｛body：color = black（body｝

C. body ｛color：black｝

D. ｛body；color：black｝

12. 设置字符间距为 15 px 的语句为（　　　）。

A. letter-spacing：15 px

B. line-height：15 px

C. letter-height：15 px

D. line-spacing：15 px

二、上机题

根据所给的素材，完成"淘宝小屋网站"。

要求：

（1）完成如图所示的网站首页。

（2）根据网站风格与内容，自己设计完成某一商品的详细页。（点击某一商品，能展现商品的详细信息。

评价反馈表

	考核项目	考核细则		比例	分数
1	学习态度	出勤情况好，无缺勤，无迟到、早退（5分）		15%	
		遵守课堂纪律，有良好的行为习惯（5分）			
		完成任务时积极，小组成员之间主动合作（5分）			
2	能按学习任务要求，完成网站前端设计	阶段任务一		70%	
		阶段任务二			
		阶段任务三			
		平均分			
3	工作页及学习汇报完成情况	能认真完成工作页，文字描述准确，截图清晰（5分）		15%	
		小组汇报时表达准确，语言简练，段落完整（5分）			
		能将该实训所用到的知识点进行总结迁移（5分）			
	合计			100%	
4	创造性学习（附加分）	教师以10分为上限，奖励工作中有突出表现和特色做法的学生，旨在考核学生的创新意识（10分）		10%	
	自我评价（收获）				
	综合评价（组评）				
	教师评语				

说明：

本任务评价反馈的考评材料为：阶段任务网页、工作页。本任务采用过程性评价和结果性评价相结合、定性评价与定量评价相结合的评价方法，全面考核学生的专业能力和关键能力。评价过程可根据不同的任务，使用学生自评、组评和教师评的评价方式。建议学生自评占20%，小组互评占20%，教师评价占60%，教师也可根据实际需要做调整。

学习任务六

完善与维护网站

 学习目标◎

（1）能够配置 web 服务器；

（2）能发布网站，并进行网站测试；

（3）能根据需求对网站进行功能扩展。

 内容结构

建议学时：20 学时

 任务描述

网页设计成果是网站作品，网站要展现其效果、实现其功能就离不开发布。测试、发布、维护是网站建设的重要环节。配置 web 服务器，将成果发布至服务器，对已有站点进行维护，对站点进行局部更新，这些都是网页设计人员必须掌握的基本技能。本任务主要学习 IIS 和 Apache 服务器的配置、站点的发布和测试。在网站维护中，掌握更新站点局部内容，在运营站点中加入新的功能模块等。

本任务主要包括三个阶段任务：

（1）配置 IIS web 服务器或 Apache 服务器；

（2）完成站点的发布与测试；

（3）完成网站的局部功能增加及修改。

阶段任务一：配置 web 服务器及 ftp 服务器

（一）任务准备

● 想一想

阅读教材或学习手册，完成以下问题。

（1）域名的作用是什么？

（2）站点中的内容如何能够被互联网用户访问？

（3）如何判断 Windows 系统是否安装了 IIS？

（4）什么是虚拟主机？

（5）如何将本地文件传到远程 web 服务器？

● 做一做

阅读教材或学习手册，或利用互联网，完成以下问题。

（1）请通过互联网搜索 web 服务器软件，将其名称列举出来。

（2）从上一步搜索的 web 服务器软件中选择其中之一，利用互联网搜索其安装与配置方法，结合机房实验条件，将本机配置成为 web 服务器，小组其他成员可以访问，并将操作关键步骤进行截图。

（3）请通过互联网搜索 ftp 服务器软件，将其名称列举出来，并选择其中一个进行实验学习，将自己的计算机配置成为 ftp 服务器，小组其他成员可以上传文件。

（4）将本机配置成为 ftp 服务器，实现小组其他成员可以通过不同的用户名远程上传文件到不同的地方。

思考： 小组其他成员是否可以使用域名来访问你配置的 ftp 服务器？请查阅资料，将你的完成方案记录下来，并讲解给小组其他成员听。

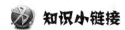 **知识小链接**

URL

URL 又称统一资源定位符或称统一资源定位器、定位地址、URL 地址等，英语：Uniform/Universal Resource Locator，有时也被俗称为网页地址。如同在网络上的门牌，是对可以从互联网上得到的资源的位置和访问方法的一种简洁的表示，是互联网上标准资源的地址。互联网上的每个文件都有一个唯一的 URL，它包含的信息指出文件的位置以及浏览器应该怎么处理它。它最初是由蒂姆·伯纳斯－李发明用来作为万维网的地址。现在它已经被万维网联盟编制为因特网标准 RFC 1738。

在因特网的历史上，统一资源定位符的发明是一个非常基础的步骤。统一资源定位符使用 ASCII 代码的一部分来表示因特网的地址，其开始部分，一般会标志着一个计算机网络所使用的网络协议。

统一资源定位符的标准格式如下：

协议类型：//服务器地址（必要时需加上端口号）/路径/文件名

FTP

文件传输协议（英文：File Transfer Protocol，缩写：FTP）是用于在网络上进行文件传输的一套标准协议。FTP 服务一般运行在 20 和 21 两个端口。端口 20 用于在客户端和服务器之间传输数据流，而端口 21 用于传输控制流。运行 FTP 服务的许多站点都开放匿名服务，在这种设置下，用户不需要账号就可以登录服务器，默认情况下，匿名用户的用户名是："anonymous"，这个账号不需要密码。

（二）任务实施

根据教材及相关资料，将小组实验设备中的某一台计算机配置成为 web 服务器及 ftp 服务器。要求：能够远程发布站点内容，能够通过 IE 远程访问网站主页内容。

● 想一想

（1）不同的 web 服务器软件 IIS 及 Apache 在功能、性能方面有什么区别？

（2）非小组成员是否可以使用域名来访问你配置的 ftp 服务器？若不能，应如何配置才能实现。

（三）任务反思

1. 成果展示

页面截图	操作关键步骤截图

2. 评价总结

考核项目	完成情况		
能远程访问配置服务器的主页	□优	□良	□未完成
能远程发布站点	□优	□良	□未完成
阶段任务一总评（百分制）	自评：		师评：

阶段任务二：小组站点的发布与测试

（一）任务准备

● 做一做

（1）发布小组网站内容前对网站内容进行仔细检查，看能够发现多少错误，并记录下来。

（2）小组成员将各自发现的错误进行汇总，总结错误发生的类型及原因，并记录下来。

● 想一想

本机测试网站内容时，用不同的浏览器浏览是否有产生不一致的地方，讨论研究，并记录讨论的成果。

知识小链接

网络推广

网络推广（Network promotion）广义上讲，是企业或者个人通过网络宣传的方式进行的企业或者网络营销技术，狭义上讲是指通过基于互联网采取的各种手段方式进行的一种宣传推广等活动，以达到提高品牌知名度的一种效果。与传统广告相同，网络推广的目的都是为了增加自身的曝光度以及对品牌的维护。笼统地说，就是以产品为核心内容，建立网站，再把这个网站通过各种免费或收费渠道展示给消费者的一种推广方式。常见的免费网站推广就是发帖子、交换链接、B2B平台建站、博客以及微博、微信等新媒体营销；付费推广就是百度推广、搜搜推广、谷歌推广、360推广、搜狗推广等方式。狭义地说，网络推广的载体是互联网，离开了互联网的推广就不算是网络推广。网络推广可以分为两种：做好自身的用户体验（即口碑）、利用互联网平台工具进行推广。

与网络推广相近的概念还有网络营销，包括搜索引擎营销、邮件营销、论坛营销、网站推广、网络广告、SNS营销等等。

（二）任务实施

（1）将小组所设计的网站通过ftp发布到远程服务器。

（2）测试所发布的网站内容，记录远程访问与本地访问不一致的地方，截图记录下来，小组讨论分析其原因。

（3）根据测试所反馈的错误及需要修改的地方，小组成员分工进行修改，直至网站符合预定要求为止。

（三）任务反思

1. 成果展示

小组展示作品。

2. 任务拓展

用不同的操作系统及浏览器软件访问 web 服务器，浏览网站内容，记录网页表现不一致的地方，查阅相关资料，找到解决办法，达到不同的浏览器访问效果都一样的目的。

3. 评价总结

考核项目	完成情况		
能正确发布站点所有的内容	□优	□良	□未完成
能远程访问站点所有的内容，样式效果正常	□优	□良	□未完成
讨论出来的解决方法是否已解决测试出来的问题	□优	□良	□未完成
阶段任务二总评（百分制）	自评：		师评：

阶段任务三：网站内容维护与更新

（一）任务准备

● 做一做

（1）查阅资料，小组成员各自寻找网站计数器实现方案，经汇总后进行讨论学习，并将可行的多种方案记载下来。

（2）将网站计数器模块在本地实现出来，并对不同方案进行对比，比较各自的优势与缺点。

● 想一想

作为网站管理维护人员，按怎样的步骤操作可以实现：在最小程度影响远程用户使用的情况下，对网站网页进行修改或功能的增加？

知识小链接

SEO

SEO，全称 Search Engine Optimization，即搜索引擎优化，是一种利用搜索引擎的搜索规则来提高目前网站在有关搜索引擎内的排名的方式。其实现原理是在了解搜索引擎自然排名机制的基础上，对网站进行内部及外部的调整优化，改进网站在搜索引擎中关键词的自然排名，获得更多流量，吸引更多目标客户，从而达到网络营销及品牌建设的目标。

    SEO 是为了从搜索引擎中获得更多的免费流量，从网站结构、内容建设方案、用户互动传播、页面等角度进行合理规划，使网站更适合搜索引擎的检索原则的行为；使网站更适合搜索引擎的检索原则又被称为对搜索引擎友好，对搜索引擎友好不仅能够提高 SEO 的效果，还会使搜索引擎中显示的网站相关信息对用户来说更具有吸引力。

（二）任务实施

（1）对非本小组作品进行网站内容更新，增加网站计数器功能。

（2）元旦来临，公司对所售产品进行"迎新年"活动促销，你作为网站管理人员，对公司网站进行临时改版，以增进促销效果，提出你的设计方案，并实现出来。

（三）任务反思

1. 成果展示
请将关键代码及网页浏览效果截图。

2. 评价总结

考核项目	完成情况		
能给小组网站加入计数器功能	□优	□良	□未完成
能给其他网站作品增加风格一致、访问便利的页面	□优	□良	□未完成
阶段任务三总评（百分制）	自评：		师评：

评价反馈表

	考核项目	考核细则		比例	分数
1	学习态度	出勤情况好，无缺勤，无迟到、早退（5分）		15%	
		遵守课堂纪律，有良好的行为习惯（5分）			
		完成任务时积极，小组成员之间主动合作（5分）			
2	能按学习任务要求，完成网站前端设计	阶段任务一		70%	
		阶段任务二			
		阶段任务三			
		平均分			
3	工作页及学习汇报完成情况	能认真完成工作页，文字描述准确，截图清晰（5分）		15%	
		小组汇报时表达准确，语言简练，段落完整（5分）			
		能将该实训所用到的知识点进行总结迁移（5分）			
	合计			100%	
4	创造性学习（附加分）	教师以10分为上限，奖励工作中有突出表现和特色做法的学生，旨在考核学生的创新意识（10分）		10%	
	自我评价（收获）				
	综合评价（组评）				
	教师评语				

说明：

本任务评价反馈的考评材料为：阶段任务网页、工作页。本任务采用过程性评价和结果性评价相结合、定性评价与定量评价相结合的评价方法，全面考核学生的专业能力和关键能力。评价过程可根据不同的任务，使用学生自评、组评和教师评的评价方式。建议学生自评占20%，小组互评占20%，教师评价占60%，教师也可根据实际需要做调整。